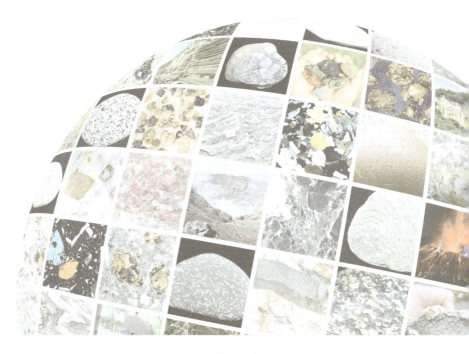

全農教
観察と発見
シリーズ

石ころ博士入門

高橋直樹　大木淳一　著

全国農村教育協会

石ころをめぐる冒険に出かけよう！

ぼくたちがご案内します。〈by 石ころくん〉

　石ころは地味で目立たないものの代表のように思われています。野外で石ころや石が露出する崖を観察していると、よく「何かいるんですか？」と声をかけられます。そこに何か珍しい生き物でもいて、それを見ていると思ったのでしょう。石はただの背景にしかすぎないようです。

　しかし、本当に石ころは地味で、意識するまでもない存在なのでしょうか。子どものころ、海水浴に行って、海の水に濡れて宝石のように輝く石をひろったことはありませんか。駐車場でキラキラ光る石を見つけて友達に自慢したことはありませんか。石は、表面が泥や藻類などの植物で汚れていることが多いですが、水とたわしや歯ブラシできれいに洗ってやれば、美しい色や模様が現れます。しかも千差万別で、どれ一つとして同じものはありません。石は実は美しいのです。

　そして、石の魅力はその美しさだけではありません。そのでき方が、実にダイナミックなのです。石は地球に起こるさまざまな現象によってつくられます。あるものは爆発する火山でつくられ、あるものはプレートの沈み込みによる巨大な力を受けてつくられます。それぞれの石ころの背後には、そのような地球の壮大な営みが隠されているのです。石ころは黙して語りませんが、それを読み取る方法を身につければ、石ころがたちまち雄弁にその生い立ちを語り出すのです。

　本書では、石の美しさを、その外見だけではなく、偏光顕微鏡という特殊な装置を用いて観察した際の中身の美しさについても示しました。石を構成する鉱物の配列の繊細さや、偏光装置が示す干渉色という色の世界に魅了されることでしょう。また、読者のみなさんが石に名前をつけられるようになることも、本書の大きな目的の一つです。それは単に石を分類するということにとどまりません。石の名前は、石のでき方に基づいていますので、石の名前を知るということは、すなわち、石のでき方を知るということです。それがわかった瞬間に、その石が経験した地球の壮大な営みが頭の中に鮮やかに浮かんでくることでしょう。目の前のほんの小さな石ころから、地球全体のスケールの動きを読み取るのは痛快でありロマンでもあります。本書で、その楽しみを感じていただけましたら幸いです。

　それでは、ルーペを携えて、石ころをめぐる冒険の旅へ出かけることにしましょう。

2015年4月　高橋直樹・大木淳一

2014年の桜島噴火

まさに石ころ誕生の瞬間だ！

目次

石ころ観察のための基礎知識	4
利用に当たって	8

序　章　石はどこにあるの？　9
- 街中で石材を見てみよう　10
- 川原や海岸で石ころを見つけよう　12
  - ※石とのふれあい、遊び　14

第1章　石って何？　15
- 石ころの正体とは？　16
- 石ころ観察のコツ　18
  - ※硬くて重いだけじゃない!? 石もいろいろ　22
  - ※岩石の磁性　24

第2章　石の種類とでき方
　　　　－石ころ図鑑－　25
- 石のでき方による分類　26
- 偏光顕微鏡による岩石の観察　28
- おもな造岩鉱物　30
- 【火成岩―火山岩】　32
  - 玄武岩　36
  - 安山岩　38
  - デイサイト　40
  - 流紋岩　42
  - 黒曜岩・真珠岩・松脂岩　44
  - ドレライト（粗粒玄武岩）　46
  - 花崗斑岩・閃緑斑岩　48
- 【火成岩―深成岩】　50
  - 花崗岩・花崗閃緑岩　52
  - アプライト・ペグマタイト　54
  - 閃緑岩・石英閃緑岩・トーナル岩　56
  - 斑れい岩　58
  - かんらん岩・蛇紋岩　60
  - 輝岩・角閃石岩　64
  - 閃長岩　66
- 【堆積岩―砕屑岩】　68
  - 礫岩　72
  - 砂岩　74
  - 泥岩　76
  - 頁岩　78
  - 珪質頁岩　79
- 【堆積岩―生物岩・化学岩】　80
  - 石灰岩　82
  - チャート　84
- 【火山砕屑岩】　86
  - 凝灰岩　88
  - 火山礫凝灰岩　90
  - 溶結凝灰岩　92
  - 緑色凝灰岩　94
- 【変成岩―広域変成岩】　96
  - 結晶片岩　98
  - 粘板岩（スレート）・千枚岩　100
  - 片麻岩　102
  - 角閃岩　104
  - 緑色岩　106
  - ひすい（ひすい輝石岩）　108
- 【変成岩―接触変成岩】　110
  - ホルンフェルス　112
  - 結晶質石灰岩（大理石）　114
  - 珪岩　116
- 【変形岩（断層岩）】　118
  - メランジュ　120
  - マイロナイト・カタクレーサイト　122
- 【隕石および隕石衝突岩】　124
- 【人工物】　126
- 【鉱物・化石】　128
- 岩石の正式な分類・命名　130
- 岩石・鉱物・鉱石・宝石　132
  - ※石ころ鑑定のシミュレーション　134

第3章　石ころの生い立ちを探る　137
- 石の履歴書　138
- 日本列島はさまざまな石からできている　140
- 石ころのふるさとをたどる　142
- 露頭を見つけて観察しよう　144
  - ※野外へ出かける際の服装・注意　146
- 石ころを持ち帰った後の作業　148

終　章　石ころ博士をめざして　151
- 石ころ少年の未来の姿　152
- 観察テーマを持とう
  - 〜博物館へ行こう！　観察会に参加しよう！　154
- ジオパークへ行こう！　156
  - ※全国ジオグルメの旅　158
- 著者からのメッセージ　160
- 参考になる本・調査道具の入手先など　161

用語解説	162
索引	170

石ころ観察のための基礎知識

地球をつくる岩石について

地球の構造と物質

これからこの本でいろいろな岩石を見ていきますが、それは、地球のほんの表層付近をつくる物質にすぎません。地球の内部は、地震波の観測や人工的に高温高圧条件を作り出す実験などにより、図に示したような物質からなる層状構造が推定されていますが、地球は半径が6,400kmもあるのにもかかわらず、これまでに人間が直接に掘ることができたのはほんの12kmほどで、上部マントルにすら達していません。地球の中は宇宙よりもわかっていないといえるかもしれません。

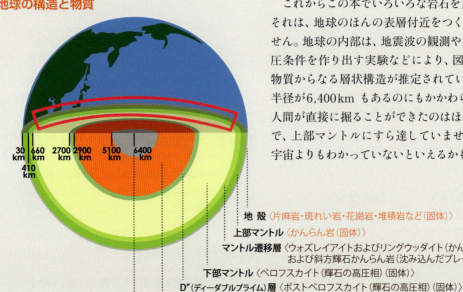

地殻〈片麻岩・斑れい岩・花崗岩・堆積岩など(固体)〉
上部マントル〈かんらん岩(固体)〉
マントル遷移層〈ウォズレイアイトおよびリングウッダイト(かんらん石の高圧相)および斜方輝石かんらん岩(沈み込んだプレート)(固体)〉
下部マントル〈ペロフスカイト(輝石の高圧相)(固体)〉
D″(ディーダブルプライム)層〈ポストペロフスカイト(輝石の高圧相)(固体)〉
外核〈鉄合金(液体)〉
内核〈鉄合金(固体)〉

※赤字は本書で取り上げた岩石

[国立科学博物館『milsil』vol.7 No.2, p.3の図を参考に作図]

日本列島(島弧)
火山岩(玄武岩・安山岩・流紋岩)
接触変成岩(ホルンフェルスなど)
堆積岩(礫岩・砂岩・泥岩など)
海溝
付加体(メランジュなど)
花崗岩
高温変成岩*1(片麻岩・グラニュライト*2など)
かんらん岩
広域変成岩(結晶片岩など)
プレートの沈み込み

*1:高温変成岩：高い温度の変成作用を受けて形成された変成岩で、圧力が低い場合と高い場合がある。前者は接触変成岩で、後者には大陸地域の地下深部を構成する片麻岩やグラニュライトなどがある。
*2:グラニュライト：変成度の高い高温高圧タイプの変成岩でとくに高い温度を受けたもの。変成作用の結果として斜方輝石が形成されるのが特徴。

いろいろな岩石のできる場所 (※左頁の図の赤い枠の部分に相当)

　それでも、地球の表層にはさまざまな種類の岩石が見られます。それは、岩石がさまざまなでき方をするためで、すなわち場所によって地球科学的な環境（条件）が異なるためです。逆に、ある岩石の存在は、それらができた環境を示してくれることになります。これから岩石を見ていく際に、このような形成場所・環境について思いをめぐらせていただけると、その岩石の性質がよりよく理解できるでしょう。

岩石の分類		つくられ方・場所	岩石種の例
火成岩	火山岩	地表や地表付近でマグマが急速に冷え固まってできる	玄武岩・安山岩・流紋岩・ドレライトなど
	深成岩	地下でマグマがゆっくりと冷え固まってできる	花崗岩・閃緑岩・斑れい岩など
堆積岩	砕屑岩	湖や海底に、岩石の大小のかけらが堆積し、圧縮されてできる	礫岩・砂岩・泥岩など
	生物岩	海底に生物の遺骸が堆積してできる	石灰岩・チャートなど
	化学岩	海水中からある成分が化学的に析出・沈殿してできる	岩塩など
変成岩	広域変成岩	既存の岩石が地下深部に持ち込まれ高い圧力を受けて、構成鉱物の再構成が起き、新たな岩石として形成される	結晶片岩・片麻岩など
	接触変成岩	既存の岩石がマグマとの接触により高い熱を受けて、構成鉱物の再構成が起き、新たな岩石として形成される	ホルンフェルス・大理石など

※その他、火山砕屑岩（凝灰岩など）・変形岩（メランジュなど）等、上記の分類に含めるのが難しい岩石もある。

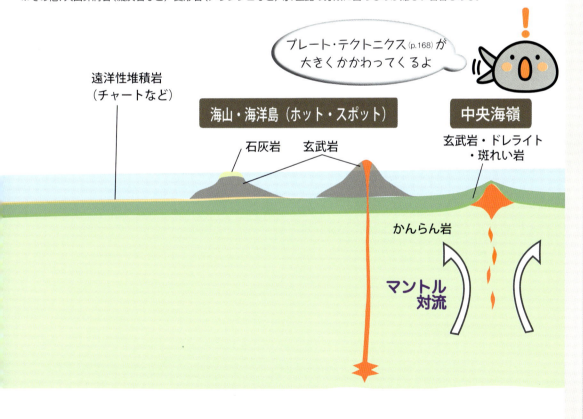

石ころ観察のための基礎知識（つづき）

鉱物は化学物質

　岩石をつくる部品である鉱物は(p.30)、一定の化学組成と結晶構造をもつ天然の無機物質と定義されます。つまり、鉱物は化学物質なのです。ある鉱物は、ある特定の成分（元素）が集まった時に必然的にできるかたちといえます。地球上にはさまざまな元素が存在し、それらがいろいろな組合せをとりますが、元素によって多いものや少ないものがあるため、でき上がる鉱物にもありふれたものや珍しいものが出てきます。

元素の周期表

　天然には原子番号92番のウランまでが存在します。縦の列（族）には、類似した性質をもつ元素が並びます（最も外側の電子殻の電子数が同じであるため、同じ価数のイオンになりやすい）。横の列（周期）は電子殻の数を示しています。

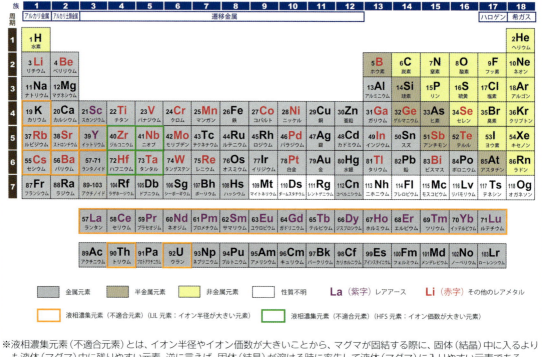

※液相濃集元素（不適合元素）とは、イオン半径やイオン価数が大きいことから、マグマが固結する際に、固体（結晶）中に入るよりも液体（マグマ）中に残りやすい元素、逆に言えば、固体（結晶）が溶ける時に率先して液体（マグマ）に入りやすい元素である。
※遷移金属（遷移元素）とは、原子番号が増えても性質があまり変わらない元素である（増えた電子が空いていた内側の電子殻に入り、最も外側の電子殻の電子数が変わらないため）。鉱物の色はこれらの遷移金属がもたらすことが多い（内側の電子殻に空きがあることで光の一部が吸収される）。

おもな造岩鉱物の化学組成

　地球上に約5,000種あるといわれる鉱物のうち、岩石をつくる鉱物（造岩鉱物、p.30）はおよそ数十種に限られています。おもな造岩鉱物をつくる元素としては、酸素（O）、珪素（Si）、アルミニウム（Al）、鉄（Fe）、カルシウム（Ca）、ナトリウム（Na）、カリウム（K）、マグネシウム（Mg）などが挙げられます。これらの元素からできた鉱物が多いのは、元素のなりたちや安定性などから、もともと地球に（宇宙に）これらの元素が多いためです。

●造岩鉱物の区分と化学組成

おもな造岩鉱物の区分と化学組成および化学的な分類等を示した。岩石（とくに火成岩）を構成する主要な鉱物が主成分鉱物、その他少量含まれる鉱物が副成分鉱物である。主成分鉱物のうち、有色鉱物は Mg や Fe を含むことが多く、そのため黒っぽいが、無色鉱物はそれらをほとんど含まないため、白っぽい。

造岩鉱物の多くは珪酸塩鉱物であることがわかる。珪酸塩鉱物とは、珪酸（SiO_4 四面体）を結晶の基本構造とする鉱物である。なお、石英（SiO_2）は珪素の酸化鉱物ではあるが、SiO_4 四面体からなる結晶構造を持つことから珪酸塩鉱物に含まれる場合も多い。

区分		鉱物名	化学組成	分類
主成分鉱物	有色鉱物	かんらん石 直方輝石（斜方輝石）* 単斜輝石** 普通角閃石*** 黒雲母	$(Mg,Fe)_2SiO_4$ $(Mg,Fe)SiO_3$ $Ca(Mg,Fe)Si_2O_6$ $Ca_2(Mg,Fe)_4AlSi_7AlO_{22}(OH)_2$ $K(Mg,Fe)_3(Al,Fe^{3+})Si_3O_{10}(OH,F)_2$	珪酸塩鉱物 珪酸塩鉱物 珪酸塩鉱物 珪酸塩鉱物 珪酸塩鉱物
	無色鉱物	石英 斜長石 カリ長石 （アルカリ長石）	SiO_2 $CaAl_2Si_2O_8 - NaAlSi_3O_8$ $KAlSi_3O_8$ $(NaAlSi_3O_8 - KAlSi_3O_8)$	酸化鉱物（珪酸塩鉱物） 珪酸塩鉱物 珪酸塩鉱物 珪酸塩鉱物
副成分鉱物		磁鉄鉱 チタン鉄鉱 （フッ素）燐灰石 方解石 ジルコン 白雲母 アクチノ閃石 （鉄ばん）ざくろ石	$Fe^{2+}Fe^{3+}{}_2O_4$ $FeTiO_3$ $Ca_5(PO_4)_3F$ $CaCO_3$ $ZrSiO_4$ $KAl_2(AiSi_3)O_{10}(OH)_2$ $Ca_2(Mg,Fe)_5Si_8O_{22}(OH)_2$ $Fe_3Al_2(SiO_4)_3$	酸化鉱物 酸化鉱物 燐酸塩鉱物 炭酸塩鉱物 珪酸塩鉱物 珪酸塩鉱物 珪酸塩鉱物 珪酸塩鉱物

* 直方輝石（斜方輝石）には、最も一般的な紫蘇輝石のほか、古銅輝石、頑火輝石などの種類があり、それらは Mg（マグネシウム）と Fe（鉄）の比率の違いに基づいている。

** 単斜輝石にも、最も一般的な普通輝石のほか、ピジョン輝石、透輝石などの種類があり、それらは、Mg、Fe、Ca（カルシウム）の比率の違いに基づいている。

*** 普通角閃石は角閃石グループの中で最も一般的なもの。角閃石は複雑な組成をもち、数多くの種類に分類されている（透閃石、アクチノ閃石、パーガス閃石、カミントン閃石など）。

■ 地球史の時代区分

岩石にはそれぞれできた時代があります。同じ種類（名前）の岩石でも、異なる時代のものはたくさんあります。その場合、時代の違いによって岩石の顔つきも異なります。また、ある時代特有の岩石などもあります。

地球の歴史は約46億年といわれており、生物や地球そのものの進化によって、細かく時代区分がなされています。岩石を調べる場合は、この時代区分もある程度覚えておくと便利です。

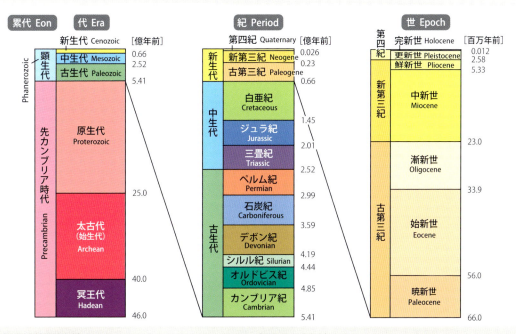

IUGS（国際地質科学連合）の International Comission of Stratigraphy（国際層序委員会）作成の International Chronostratigraphic Chart（国際年代層序表）（2020年1月ver.）に基づく（※日本語表記は日本地質学会（2020年1月ver.）による）

利用に当たって

●岩石各論の構成
第2章の岩石各論は、岩石の成因による分類に基づいて配列しました。大きな分類群ごとに帯の色を変え、さらにその下の分類群ごとに岩石名の文字色を変えて、各岩石種の分類（所属）が一目でわかるようにしました。各岩石種ごとに、海岸や川原の石ころの全体写真、表面のクローズアップ写真（ルーペで覗いた状態を想定）、偏光顕微鏡写真、ならびに露頭写真などを示し、その岩石種の特徴を総合的に示すようにしました。同じ岩石種で、外観でバリエーションが大きいものは、なるべく複数個の石ころの写真を掲載するようにしました。各岩石種についての外観、クローズアップ、偏光顕微鏡の各写真をなるべく同一の石ころのものにするように心がけましたが、その岩石種の特徴をより明確に示すために、別の石ころの写真を使用したケースも多くありますので、ご了承いただきたいと思います。

●偏光顕微鏡像について
偏光顕微鏡像の写真はなるべく同じ倍率にしています。とくに断らない限り、サイズは写真の横幅が約3mmの範囲に相当します。拡大して撮影したものには、その都度、スケールバーを入れています。

●本書で使用した標本
本書で使用した標本（写真）のうち、借用したものは、借用先を明記しました。それ以外のとくに断り書きがないものは、千葉県立中央博物館の収蔵標本です。なお、標本写真には標本のサイズ（長径）を記入しました。標本が写真内に収まらないものについては、写真横幅に相当するサイズをP●●mmとして示しました。また、クローズアップ写真についても、ルーペマーク中に写真横幅に相当するサイズを示しました。

●産出頻度（レア度）
その岩石種の石ころが産出する頻度を、「レア度」として★印の数で示しました。★は1つから5つまでで、★が少ないものはよく見られる岩石種で、★が多いものほどめったに見られない岩石種です。この区分はかなりおおまかで、全国的にみた平均のようなものであり、場所によって頻度は異なり、他の場所ではほとんど見られない岩石種が、ある特定の場所ではかなり多く見られる場合もあります。そのような場所は、岩石種によって異なります。

●磁性の有無
岩石の種類によって磁性があるものとないものがあり、これが岩石を鑑定する際の一つの材料になります。岩石の磁性は磁鉄鉱などの磁性鉱物が含まれる量によります。一般に火成岩（火山砕屑岩を含む）は磁鉄鉱を多く含む傾向があり、堆積岩はあまり含みません。一般的なフェライト磁石ではなく、強力なネオジム磁石に紐をつけてぶら下げ、岩石に近づけた時に岩石に引き寄せられるかどうかを、おおまかに示しました（p.24参照）。

◎はよくつく、○はふつうにつく、△はわずかにつくか、つくものとつかないものがある場合、×はほとんどつかないものです。

●「○○岩（がん）」、「○○石（せき）」、「○○石（いし）」の違い
岩石の正式な名称には、「○○岩（がん）」とつけられます（「玄武岩（げんぶがん）」、「安山岩（あんざんがん）」など）。一方、「○○石（せき）」というのは、一般には岩石をつくる部品である鉱物につけられる名称です（「かんらん石（せき）」、「斜長石（しゃちょうせき）」など）。また、岩石のうち、地方特有の石材の名称として「○○石（いし）」が使われます（「大谷石（おおやいし）（正式な岩石名は凝灰岩）」、「小松石（こまついし）（正式な岩石名は安山岩）」など）。
ただし、鉱物でも「○○石（いし）」とつけられているものもあります（「蛍石（ほたるいし）」、「ざくろ石（いし）」など）。

●偏光顕微鏡関連の用語について
偏光顕微鏡関連の用語には、複数の同義語が存在します。本書では下表の用語を用いましたが、他の著作物等と見比べる際の参考にして下さい。

本書採用の表現	同義語	内容
ポラライザー	下方ニコル	下の偏光板
アナライザー	上方ニコル	上の偏光板
直交ポーラー	直交ニコル クロスニコル	上下両方の偏光板を用いた時
下方ポーラーのみ	単ニコル 開放ニコル オープンニコル	上の偏光板をはずした時（下の偏光板のみを用いた時）

序章
石はどこにあるの？

皆さんは「石」と聞くと何を思い浮かべますか？
硬い？　それとも重たいイメージでしょうか？
いえいえ、「石」には硬いものが多いけれども、実はそれだけではありません。
曲がる石、見た目より軽い石、光る石、爪で削れるほど軟らかい石など、いろいろな特徴をもったものもあります。
これから皆さんを「石ころ」の世界へご案内するわけですが、まずは身の周りに石がたくさんあることを知っていただきたいのです。私たちの生活にとって石が無くてはならない存在であることに気づいていただければ、石ころ博士への道が開けていきます。
例えば、皆さんご存じの石焼きビビンバ。「石焼き」と名がつくとおり、この器は「閃緑岩」や「斑れい岩」という石からできています (p.56、58)。ホームセンターでもこの容器が売られているかもしれませんので、お立ち寄りの際は探してみてください。では、まず腹ごしらえをしてから気軽に街中へでかけることにしましょう。

閃緑岩でできたビビンバの器
度重なる使用で、黒く変色している。右上は未使用の器で、石そのもののようすがよくわかる

街中で石材を見てみよう

　山はなくても住宅街を歩くと実は石だらけ。普段、気がつかないところにもさまざまな石が使われています。いつもより歩く速度を落として、じっくりと周囲を観察しましょう。

学校

校門や塀　学校の校門や塀をみると、石が使われていることが多い。例えば写真の学校の校門は、やや緑がかった石からできている。緑色凝灰岩（りょくしょくぎょうかいがん）という、火山活動によって噴出した火山灰などが固まってできた石だ（p.94）。栃木県の大谷地方で採掘される緑色凝灰岩は別名「大谷石（おおやいし）」とも呼ばれる。

建物

外壁　私が勤務する千葉県立中央博物館の外壁は、地下でマグマがゆっくり固まってできた「花崗岩（かこうがん）」という深成岩（しんせいがん）からできている（p.52）。花崗岩を構成する鉱物一粒一粒が近くで見るとゴマ塩のようだ。

住宅地

ブロック　コンクリートのブロックにはサンゴなどが固まってできた「石灰岩（せっかいがん）」が混ざっていることがある（p.82）。そこからフズリナなどの化石（写真右）を見つけ出すことができるかもしれないので、観察してみよう。

街中

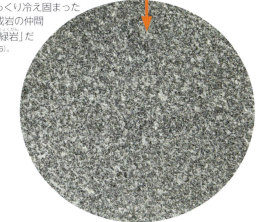

東京駅前の歩道に敷かれた岩石 地下の深いところでゆっくり冷え固まった深成岩の仲間「閃緑岩」だ(p.56)。

墓地の様子 最近はきれいに岩石を磨いているため、色合いがはっきりしている。白や黒、赤や緑など多様な岩石が墓石として使用されている。

千葉市内のマンション街に敷かれた岩石 白い岩石と赤みがかった岩石が意図的に敷かれてある。両者とも花崗岩だが、赤いカリ長石を多く含むと赤く見える。

横浜みなとみらい21地区の階段 写真の左右で色合いがやはり異なる。これも同じ花崗岩だが、右側の花崗岩は、赤みの強いカリ長石を多く含むため、赤く見える。

石はどこにあるの？

川原や海岸で石ころを見つけよう

街中で石を観察したら、いよいよ川原や海岸へ出かけて石を見つけてみましょう。

出かける地域によって大地をつくる石が異なるため、そこから運ばれてくる石ころも地域性があって実に興味深いのです。

例えばV字谷と呼ばれる傾斜が急な地形をつくる黒部川の上流へ行ってみると（左写真）、周辺の山々から運ばれてきた、人よりも大きな岩塊が川原にたくさん落ちています。落ちている石は片麻岩(p.102)などの変成岩、斑れい岩(p.58)、花崗閃緑岩(p.52)などの深成岩、安山岩(p.38)などの火山岩、礫岩(p.72)などの堆積岩といった、多様な石を観察できます。

石のでき方はp.26を見てネ！

上流や中流の川原へ行こう！

黒部川上流（富山県）
大きな岩塊がころがり、多様な石が観察できる。

利根川上流（群馬県）の様子　利根川は流域面積が広いため、花崗岩や花崗閃緑岩、蛇紋岩(じゃもんがん、p.62)などの深成岩、安山岩などの火山岩などさまざまな岩石を観察することができる。

下流は石がこわれて砂になる川が多いのです。だから上流や中流へ行くんだよ〜

那珂川中流（栃木県）　上流域と比べると礫の大きさが運ばれる最中に削られて小さくなり、やや丸みを帯びている。

利根川下流（茨城県）　下流まで流れ下る最中に、石ころはぶつかり合って壊れて細かく砕けてしまい、砂のような細かい粒子になってしまう。

海岸へ行こう！

海岸に行くと砂浜だけでなく、石ころを敷き詰めたような礫浜があるので、そこで石ころを観察してみましょう。川原の石ころと違って、波によって石が動くことで丸みを帯びていることが多いです。

八岡海岸（千葉県鴨川市）の様子 この海岸では大きい鉱物が観察できる斑れい岩、海底に噴火した玄武岩（げんぶがん、p.36）、海底に堆積した砂岩（p.74）や泥岩（p.76）などの堆積岩、マントルを構成するかんらん岩（p.60）の性質が変化し、表面が蛇の皮のようになった蛇紋岩などの礫が観察できる。

新潟県糸魚川市の海岸の様子 ここでは火山岩、深成岩、変成岩、堆積岩など実に多様な岩石を観察できる。

岩石や地層が現れている（露出する）崖のことを『露頭（ろとう）』(p.144) というよ！

礼文島（北海道）スコトン岬周辺の様子 写真の奥の方（矢印）に見えるようなドレライト（p.46）が露出する崖（露頭）から崩れ落ちた石が海岸に転がっている。

13

石とのふれあい、遊び

　子どもの頃、川に行くと石ころを積み上げたり、平らな石を投げて「水切り」をやった人もいると思います。石に興味を持つ第一歩としておすすめしたい遊びです。

▌ダムをつくってみよう！

　流れのゆるやかな川で石ころを積み上げてダムをつくってみましょう。
　石の大きさや重さなどを体感できますよ。ただし、流れが急な場所があったり、天気が変わりやすくて増水する場合があります。川遊びは大人でも危険な状況があります。注意しながら楽しみましょう。

＜注意＞ゴミがたまってしまうので、遊び終わったら積み上げた石を元に戻しましょう。

▌石投げ上級編～水切り

　平らな石ころを見つけて、水面へ投げてみよう。上手に水面を走らせることができるかな？
　意外と大人が夢中になります。

＜注意＞人がいると危険です。必ず人がいないところで挑戦してください。

第1章
石って何？

街中や海や山で石を見つけ出すことができるようになったら、もう少し近づいて観察してみましょう。石がどのような物質から構成されているのか、観察のコツをここでは紹介します。

千葉県立中央博物館のホールに敷き詰められた岩石

石ころの正体とは？

石の大きさはさまざま

「石」とひとくちに言っても、その大きさはさまざまです。山全体が同じ石からできていたとしても、それが砕けた手のひらサイズのかけらも同じ石です。

たとえば「花崗岩」という石で考えてみましょう。花崗岩は、地下のマグマが時間をかけてゆっくり固まった石ですが、のちの地殻変動で隆起して陸化しました。

❶は茨城県堅破山の太刀割石。露出していた花崗岩の大きな塊が真っ二つに割れてしまったものです。この地域は山全体が花崗岩でできていますが、風化が激しくてぼろぼろになってくずれてしまい、花崗岩が硬い塊の状態のまま露出することは珍しいのです。露出したこの花崗岩には割れ目があり、そこから雨水などが染み込み、それが凍結などすることで体積が膨張し、石を真っ二つに割ってしまったようです。しかし、二つに割れても両方とも花崗岩には変わりありません。

また、❷の茨城県筑波山は花崗岩などの深成岩からできています。筑波山の採石場へ足をのばすと、❸のように山から花崗岩を切り出しています。山全体が花崗岩ですが、そこから切り出した人間の背丈ほどある石も花崗岩です。これをさらに砕いて道ばたの砂利に敷いた、手のひらに載る大きさにした石も花崗岩です❹。

❷筑波山（茨城県）　花崗岩などの深成岩から構成される

❸筑波山の採石場　花崗岩を切り出している

❶堅破山の太刀割石（茨城県日立市）
真っ二つに割れた花崗岩

❹指先サイズの大きさでも花崗岩

石は大きさによって名前が変わることはありません。指先サイズから山体をつくるほどの大きさまで、共通の呼び名が使われていることを覚えてください。

石と鉱物

そもそも、「石」とは何でできているのでしょうか？

石のことを専門家的な言い方にすると「岩石」と呼んでいます。これまで岩石の中に小さな粒があるのを観察してきましたが、この粒は何なのでしょう？

では、この粒の正体を調べるために、岩石を壊してみることにしましょう。

岩石を壊していくと、いろいろな色や形をした結晶が集まってできていることがわかります（❶〜❹）。この結晶を「**鉱物**」といいます。鉱物とは『自然の物質のうち、物理的・化学的にほぼ均一で一定の性質を有する無機質の固体物質』のことです（「新版 地学事典」より抜粋）。岩石は鉱物という規則正しい原子配列をもった結晶の集合体なのです (p.6)。

花崗岩を例にすると…

❶ 手にもったときの様子　　❷ ルーペでクローズアップすると…

ゴマ塩のような模様が見える。　　白や黒や少し透明な粒がさらに見えてくる。

❸ 花崗岩を壊してみると…

細かい粒に砕け、この粒はたくさんの結晶（鉱物）からできている。ただし、この花崗岩のように地下のマグマが冷える過程で結晶（鉱物）ができるときに、お互いの結晶が入り組みながら成長するため、くっついているものもある。写真の花崗岩は石英、長石、黒雲母などの鉱物からできている。

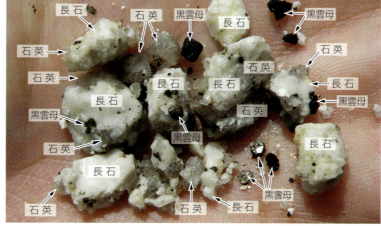

❹ 岩石用の顕微鏡（偏光顕微鏡）でのぞいてみると…

28ページで紹介する岩石観察用の偏光顕微鏡でのぞいてみると、いろいろな鉱物が入り組んでいる様子が観察できる。❸でも記したが、マグマが冷えるときにそれぞれの鉱物が成長したため複雑に入り組んでいる。

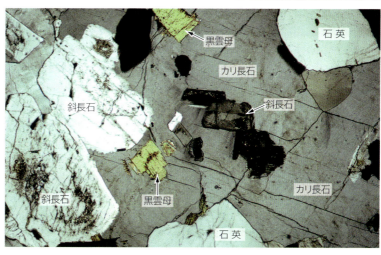

石ころ観察のコツ

石の模様はなぜできる？

まずは建物の岩石に注目してみましょう。写真は千葉県立中央博物館のホールに敷き詰められた岩石です。緑や白、赤い模様がわかるでしょうか？ その色合いは岩石がもつ特徴が現れたもので、それを生かして巧みに削り配置しています。

それぞれの色合いの岩石を観察するために近づいてみましょう。

■ 濃い緑色の三角形は…

濃い緑の部分と白いすじが見える

■ 白い三角形は…

白いまだら模様

■ 赤い丸は…

赤と黒と灰色っぽい透明な粒が見える

ルーペなどで　拡大してみると…

濃い緑の部分は蛇紋岩(じゃもんがん)
白いすじは方解石(ほうかいせき)などの脈

大理石(だいりせき)
（石灰岩が熱を受けた岩石）

赤い鉱物はカリ長石、黒い鉱物は変質が進んだ斜長石、灰色っぽい透明な鉱物は石英からできた花崗岩

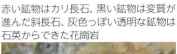

濃い緑色の岩石は「蛇紋岩」(p.62)。かんらん岩という地球のマントル(p.60)を構成する岩石が変化してできた岩石だ。ここに白いすじが見られるが、これは「脈」と呼ばれるもので、石の性質が変わるときに石の成分である珪素やカルシウム成分などが染み出たものだったり、地表に隆起する過程において力を受けてできた割れ目にいろいろな成分が入り込んだものである。この白い脈の模様が美しいため石材として活用される。

白い岩石は「大理石」(p.114)。もともとはサンゴなどが固まってできた石灰岩だが、地下のマグマからの熱で性質が変わってしまった変成岩(へんせいがん)である。石灰岩ならp.10のように化石を見つけ出すことができるかもしれないが、大理石のように熱を受けてしまうと内部の構造は無くなって観察できなくなる。

赤い岩石は「花崗岩」(p.52)。この花崗岩に近づくと、赤、黒、白の粒子からできているのが見えてくる。この粒子が岩石を構成する「鉱物」だ(p.17)。異なる種類の鉱物の集合体が花崗岩をつくり上げている。

このように、石に現れている模様は、実はそれぞれ異なった物質（鉱物）が集まった姿なのです。このことを念頭に置いて岩石を観察するのがポイントです。

石を見る方法

　今度は駐車場や建物の周囲にある砂利や川原の石ころを手に取って観察してみましょう。

　手に取ることで、石の色合い、構成鉱物の大きさ、重さ、穴の有無などの特徴を間近で観察できます。

　石の色合いは、下の左写真のように表面が乾いていると細かな傷で白みがかっていることが多いため、水に濡らすことで模様や色がはっきりしてわかりやすい場合があります。逆に、水に濡らしすぎると表面の凹凸や鉱物の形がわかりにくくなる場合もあります。その際は息を軽く吹きつけて、表面を少しだけ湿らせると観察しやすくなります。

濡らすと…

　表面の雰囲気がわかってきたら、ルーペで石をより細かく観察してみましょう。ルーペの倍率はさまざまですが、全体を見渡せる10倍がおすすめです。いきなり高倍率だと視野が狭くなりすぎて戸惑うことが多いからです。慣れてきたら自分に合う倍率を見つけましょう。

　写真のようにルーペを目の前に持ってきて、石をピントが合うところまで近づけること。観察しやすいように体の向きを変えて太陽の光を見たい場所に当てるとよいです。ただし、天気がいいときは帽子のつばが日陰になって観察しづらくなるため、後ろに回すこと。

■ルーペの使い方

①帽子のつばの向きを変え、陰にならないようにする。
②目にルーペを近づける。
③ルーペをのぞきながらピントが合うまで石を近づける。このとき、太陽光が観察したいところに当たるように石や体の向きを変える。

＜注意！＞太陽をルーペで直接見ないこと！！

石って何？

ルーペで拡大して見ると…

ここでは学校に敷いてある砂利を例に石ころ観察を行います。駐車場や公園にも砂利が敷いてあるかもしれないので探してみましょう。

この学校では中央写真のようにさまざまな岩石が見つかりました。ルーペで観察するといろいろな特徴が見えてくるので、第2章を参考に岩石名を推定して下さい。

礫岩

黒や灰色、白い粒が集まっている。これは黒い泥岩、灰色や白い砂岩の破片が海などで流されて堆積した礫岩である (p.72)。

砂岩

細かい粒子が集まっているように見えるので砂岩 (p.74)。

石英

全体が白っぽいので鉱物の一種で石英。石英の大きな脈が壊れて石ころのようになったと考えられる (p.128)。

泥岩

黒色で粒子がルーペで観察できないくらい細かいので泥岩 (p.76)。

安山岩

白い粒子は斜長石(しゃちょうせき)という鉱物。灰色な部分は**石基**(せっき, p.32)と考えられるので安山岩 (p.38)。

赤色泥岩

赤くてツヤツヤしており、粒子が観察できないほど細かいので赤色泥岩 (p.85)。細かなすじはひび割れと考えられる。

花崗岩

白や灰色、黒い鉱物が集合しているので花崗岩と考えられる (p.52)。

石を見る楽しみ

また、石の名前がわからなくても、模様や色合いが気になった石をじっくり眺めるだけでも楽しめます。

左の3枚の写真は北海道の日高山脈を源流とする札内川。この川原では地下の深いところで熱や圧力を受けてグニャグニャに変形した変成岩が多く観察できます。曲がっていることを「褶曲」といいますが、見る方向によって曲がり方が異なります。立体的にどのように変形しているのかな？　など、頭の体操になります。

一方、右の3枚の写真は北海道の日高山脈南方を流れる幌満川。この流域にはマントル(p.4)を構成するかんらん岩(p.60)が分布します。写真のかんらん岩の礫は黄色のかんらん石や、緑色の単斜輝石、黒っぽい茶色の直方輝石（斜方輝石）という鉱物からできている美しい岩石です。鉄やマグネシウムを多く含む鉱物からできているため、これらが集まったかんらん岩は他の石に比べてとても重たいです。

札内川（北海道）

幌満川（北海道）

結晶片岩　地下の深いところで熱や圧力をうけた岩石(p.98)。結晶片岩は縞模様や曲がった構造が特徴。

かんらん岩　マントルを構成する岩石。

縞模様を　→　横から見ると…

グニャグニャ曲がっているのが見える。

緑色の鉱物は単斜輝石、黒っぽい鉱物は直方輝石、全体的に黄色い部分はかんらん石からできている。

硬くて重いだけじゃない!? 石もいろいろ

石は本当に硬いのかな？　重いのかな？
石にはさまざまな性質をもつものがあります。ここではほんの一部を紹介します。

■曲がる石（コンニャク石）

写真のように一見、板状の石に見えますがピンポン玉を下に置くとグニャッと曲がってしまう石があります。イタコルマイト（itacolumite、通称コンニャク石）と呼ばれる砂質片岩という変成岩です(p.98)。砂粒の間にあった鉱物が水に溶け出してすき間ができたため動きやすくなったようです。

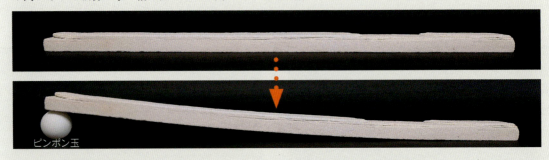

ピンポン玉

■軽い石（軽石：p.35）

流紋岩(p.42)のマグマが火山噴火の際にマグマ中のガスが抜け出し、その穴がたくさん残ったまま固まったためスカスカな状態となった岩石です。1歳児でも楽に持ち上げられます。ちなみに、玄武岩質で穴がたくさん空いている発泡した岩石は「**スコリア**」と呼ばれます。

■軟らかい石（滑石）

子どもの頃、石で道路に落書きをして遊んだ思い出がありますか？　これは滑石という軟らかい岩石で、もともとは蛇紋岩(p.62)中の蛇紋石が高温の熱水にさらされることで、石の質が変わってしまったものです（**熱水変質作用**といいます）。なお、滑石だけでなく、変質した凝灰岩などで落書きした方もいらっしゃるようです。

1歳児でも楽々持てます！

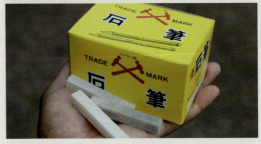

道路工事の線引きに利用しています

光る石(蛍光鉱物)

左側の写真の石たちは一見地味ですが、暗がりでブラックライト等で紫外線を当てるときれいに光りだします。蛍のような淡い美しい光を発するので**蛍光鉱物**と呼ばれます。

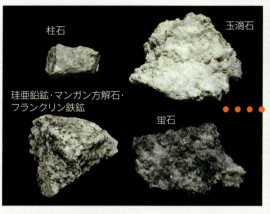

二重に見える石(方解石)

光がある物質の中を通過するとき、進む方向が2つに分かれる「**複屈折**」という現象が起きるものがあります。方解石は複屈折が大きく、透明な結晶であればその現象を観察しやすいため、本の上に載せると文字が二重に見えます。

「木」という文字を方解石でのぞいてみると…

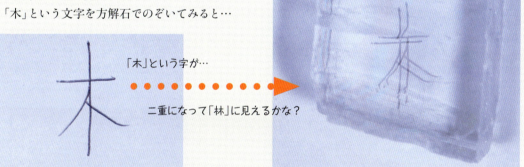

「木」という字が…

二重になって「林」に見えるかな?

鉱物によって複屈折の割合が異なる。その性質を利用して岩石中の鉱物の鑑定をするために偏光顕微鏡が活躍する(p.28)。

浮きでる石(テレビ石)

文字が書かれたところにこの石を置くと、石の上の方に文字が浮き出たように見えてきます。これはウレキサイト(ulexite、和名は曹灰硼石)と呼ばれ、透明な繊維状の結晶が平行に整列した集合体であるため、光ファイバーの役割を果たして下の文字を浮きださせるのです。通称、「**テレビ石**」と呼ばれます。

岩石の磁性

岩石によって磁性のあるものとないものがあり、鑑定する際の目安になります。磁性は磁鉄鉱などの磁性鉱物が岩石に含まれるかどうかによるので、強力なネオジム磁石(p.8)などを紐にぶら下げて近づけて、その様子を観察しましょう。次章から紹介する石ころの鑑定の参考にしてください。

玄武岩(p.36)は磁性があるので磁石を引き寄せる

チャート(p.84)は磁性がないので磁石を引き寄せない

海岸でよく見られる砂鉄は、地層や岩石中に含まれていたこれらの磁鉄鉱が、風化や浸食によって削り出され、波の作用で濃集したものです。磁鉄鉱は鉄と酸素が結びついた鉱物で、基本的には正八面体の結晶として形成されます。

「砂鉄はどうしてさびないの？」とよく聞かれますが、砂鉄は鉄そのものではなく、前述のようにすでに酸素と結びついた鉱物なので、これ以上さびない(酸素と結びつかない)のです。

磁鉄鉱の結晶

砂鉄が濃集した海岸(千葉県富津市)

第2章
石の種類とでき方
―石ころ図鑑―

さあ、それでは、これから本格的にいろいろな石を見ていくことにしましょう。

ところで、石にはすべて名前がありますが、石の名前を調べるのはけっこう難しいです。それは、同じ名前の石でも、見かけがかなり違うものが多いからです。この本に載っている石の写真とそっくりな石はそれほどないでしょう。石の名前は、その石のでき方や、それに基づく石の性質からつけられます。ですから、その石のでき方をよく理解し、それぞれの石の特徴をしっかり覚えましょう。そうすると、応用がきいて、名前をつけられるようになります。

今回はとくに川原や海岸の石ころをとり上げてみました。身近によくありますし、表面がよく磨かれていて、石の特徴がわかりやすいからです。しかし、石の生い立ちを探るには、山や海岸の崖をつくる石を見た方がよいことは、忘れないでほしいと思います。

いろいろな種類の石ころが
ごろごろ転がる川原
(揖斐川：岐阜県大野町)

石のでき方による分類

　石は、でき方によって、**火成岩**、**堆積岩**、**変成岩**の3つに大きく分類されます。さらに、それぞれについて、詳しいでき方の違いによっていくつかに細分されます。石の名前は、さらにそのまた先の分類になります。このように、石は何段階かに階層的に分類できるのです。

　なお、この3種類に含めるのが難しい石もあります。石のでき方は実にさまざまなのです。

火成岩（かせいがん）

どろどろに溶けたマグマが冷えて固まってできた岩石。マグマが地表に噴出して急速に冷えて固まった「**火山岩**（かざんがん）」と、マグマが地下深くでゆっくりと冷えて固まった「**深成岩**（しんせいがん）」に分けられる。かつては、中間的な「**半深成岩**（はんしんせいがん）」という分類もあったが、現在はあまり使われていない。

堆積岩（たいせきがん）

砂や泥などの粒子が海底や湖などに降り積もり、厚く積み重なることによって重みで固まってできた岩石。降り積もる粒子の種類によって、「**(陸源性)砕屑岩**（さいせつがん）」、「**生物岩**」、「**化学岩（化学的堆積岩）**」などに分けられる。

火山岩の一種：**玄武岩**（げんぶがん）（狩野川（かの）：静岡県）　67mm

砕屑岩の一種：**砂岩**（さがん）（犬吠埼（いぬぼうさき）：千葉県）　47mm

深成岩の一種：**石英閃緑岩**（せきえいせんりょくがん）（荒川：埼玉県）　98mm

生物岩の一種：**石灰岩**（せっかいがん）（荒川：埼玉県）　37mm

ガラス質の特殊な火山岩：**黒曜岩**（こくようがん）（湧別川（ゆうべつ）：北海道）　54mm

生物岩の一種：**チャート**（千曲川（ちくま）：長野県）　45mm

変成岩

一旦できた岩石が、その後に高い温度や高い圧力にさらされて、鉱物の再構成が起き、固体の状態のまま別の岩石に変わったもの。温度と圧力の程度によってさまざまなタイプの変成岩ができる。高い温度にさらされた「接触変成岩」（圧力は割合に低い）と、高い圧力でできた「広域変成岩」（温度は割合に低い）がある。

広域変成岩の一種：結晶片岩（鮎川：群馬県）

接触変成岩の一種：ホルンフェルス（万田野層：千葉県）

接触変成岩の一種：大理石（久慈川：茨城県）

火山砕屑岩

火山岩と堆積岩の両方の性質を合わせもつ岩石で、火山岩をつくるマグマが激しい火山噴火によって細かい破片（火山砕屑物）となり、それらが火山の周辺に降り積もって固まったもの。堆積岩に含められる場合もある。

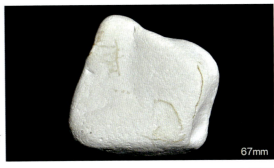

火山砕屑岩の一種：凝灰岩
（竜島海岸：千葉県）

変形岩

一旦できた岩石が、すりつぶすような力（剪断力）によって破壊されて破片状となり、それらが再度圧縮されて固まった岩石。広域変成岩と似ているが、「変成鉱物」(p.96)はあまり生じていない。

変形岩の一種：マイロナイト（天竜川：静岡県）

隕石など

地球の外からやってきた隕石については、地球の岩石と同じ基準で分類するのは不都合である。また、隕石が地球に衝突してできた岩石などもある。

隕石の一種：石鉄隕石（チリ）

偏光顕微鏡による岩石の観察

　本章の冒頭でも述べましたが、肉眼やルーペで見える見かけだけで岩石の名前をつけるのは、なかなか難しいのです。構成する粒子がルーペでも見えないような細粒の岩石の場合はとくに難しいです。
　そのような場合に、専門家は、「**岩石薄片**」というものを作成し、「**偏光顕微鏡**」という特殊な顕微鏡で観察することによって、岩石の鑑定を行います。また、細粒な岩石に限らず、一般に岩石のより正確で詳しい鑑定のためにも、この偏光顕微鏡観察を行うのです。
　そこでこの本では、それぞれの岩石の特徴を示すのに、肉眼で観察できる特徴とあわせて、偏光顕微鏡で観察される特徴も示していこうと思います。頭の中で両者を照らし合わせることで、岩石が鑑定しやすくなると考えるからです。読者諸氏も、機会がありましたら、このような岩石薄片の作成や偏光顕微鏡観察にトライしていただきたいと思います。

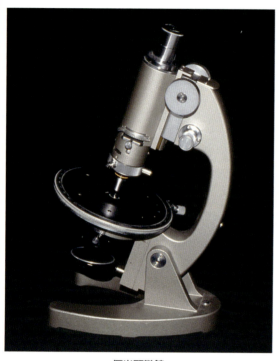

偏光顕微鏡

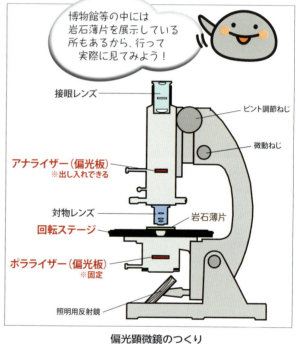

偏光顕微鏡のつくり
[『地球環境の復元－南関東のジオサイエンス』（大原　隆・井上厚行・伊藤　慎／編、朝倉書店／発行）、p.210の図をもとに作図]

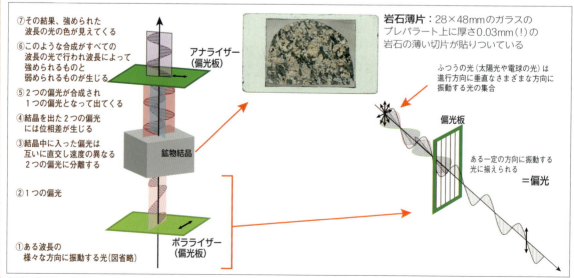

偏光顕微鏡の原理 [『地球環境の復元－南関東のジオサイエンス』（大原　隆・井上厚行・伊藤　慎／編、朝倉書店／発行）、p.208、212の図をもとに作図]

偏光顕微鏡の像は美しい！

偏光顕微鏡による岩石観察の利点は、"岩石を鑑定しやすいこと"だけではありません。偏光顕微鏡で見た像が、このうえなく美しいのです。よく万華鏡のようだといわれます。岩石薄片を作る作業はけっこうつらいものですが、偏光顕微鏡で観察したときの喜びを想像すると、作業をする指にもつい力が入るのです。

偏光顕微鏡で見える岩石の色は、2枚の「**偏光板**」というフィルターを通して見たとき（**直交ポーラー**）に現れる色で、「**干渉色**」と呼ばれるものです。これは岩石の実際の色ではありません。干渉色が出るしくみはけっこう難しいです。前に方解石の複屈折のお話をしましたが(p.23)、偏光顕微鏡もそのしくみを利用しています。

下の偏光板（**ポラライザー**）を通ってステージ上の岩石薄片に入り込んだ光（**偏光**）は2つに分裂します（複屈折）。その2つの光が薄片を出て、上の偏光板（**アナライザー**）を通る際に再度合成され、その結果、特定の波長の光が弱められるために色がついて見えるのです。

この干渉色は、鉱物の種類と向き、そして薄片の厚さによって変化し、それが鉱物鑑定の有力な情報になるのです。また、その干渉色はステージを回転させると明度（明るさ）が変化します。明度が変化し完全に消える位置（**消光**）がどこかも、鉱物の種類によって異なります。

そのほか、上の偏光板を外した時（**下方ポーラーのみ**）に見える鉱物の形、色（自然の色に近い）、ステージを回転させた時の色の変化（**多色性**）、「**屈折率**」（浮き上がって見えるか、沈んで見えるか）など、さまざまな性質を総合して判断し、鉱物（岩石）の鑑定を行うのです。

偏光顕微鏡に関する用語は、同義語がいろいろあるので、p.8を参照してください

▼ **偏光顕微鏡像（直交ポーラー）**
……干渉色、消光などを観察

▼ **偏光顕微鏡像（下方ポーラーのみ）**
……色、多色性、屈折率などを観察

火山岩の一種：安山岩（早川：神奈川県）

深成岩の一種：斑れい岩（酒匂川：神奈川県）

おもな造岩鉱物

岩石は鉱物でできている！

鉱物は「結晶」なのに対して、ガラスは「非結晶」で、構造的にはまったく正反対の物質なんだ

　岩石は基本的には鉱物でできています（その他ガラスなども含まれる）(p.6)。鉱物の種類は地球上で約5,000種が知られていますが、このうち岩石をつくる鉱物は非常に限られており、およそ数十種類です。これらは「造岩鉱物」と呼ばれており、その多くは「シリカ（SiO_2）」を主成分とする「珪酸塩鉱物」です。その他の鉱物は、岩石の中の特殊な部分（すき間や割れ目や風化部分など）のみに産出します。

　岩石に名前をつける場合には、このような造岩鉱物のことをある程度知っておくと便利です。岩石の種類によって、構成する鉱物が異なるからです。そこで、まず最初に、基本的な造岩鉱物を8つ紹介します。この8つの鉱物を取り上げたのは、これらが火成岩をつくる主要な鉱物だからです。火成岩はすべての岩石の基本となりますから、しっかりと覚えておきましょう。

■ **かんらん石（olivine）**：ずんぐりした形、色は黄色～黄緑色。直消光(p.166)で多色性なし。

  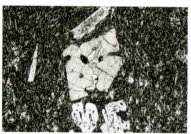

■ **直方輝石（斜方輝石）（orthopyroxene）**：長柱状で先がとがった形、色は緑色～褐色。直消光で多色性が顕著。

■ **単斜輝石（clinopyroxene）**：長柱状で先は平らな形、色は暗緑色。斜消光(p.165)で多色性は見られない。

■ **普通角閃石（hornblende）**：平べったい長柱状の形、色は黒色。斜消光で多色性が顕著。

  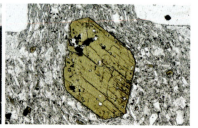

■ 黒雲母(biotite)：六角板状の形、色は黒色で風化すると金色。直消光で多色性が顕著。

■ 石英(quartz)：六角錐を上下に合わせた12面体で、無色透明。直消光で多色性なし。

■ 斜長石(plagioclase)：長柱状〜短柱状、色は無色〜白色。斜消光で多色性なし。

■ カリ長石(K-feldspar)：長柱状〜短柱状、色は無色〜白色。斜消光で多色性なし。

■ その他の造岩鉱物

　以上は、おもに火成岩をつくる主要な造岩鉱物です。その他、火成岩類には少量含まれる副成分鉱物として以下のものがあります。また、変成岩には特殊な造岩鉱物が数多く出現します。

火成岩中の副成分鉱物…磁鉄鉱、チタン鉄鉱、燐灰石、ジルコン、スピネル、スフェーン
堆積岩に多い鉱物…方解石
変成岩に多い鉱物…白雲母、緑泥石、緑れん石、ざくろ石、菫青石、紅柱石、珪線石、
　　　　　　　　アクチノ閃石、透閃石　など

p.7も参照してね

火山岩(かざんがん)

マグマが地表に噴出して急速に冷え固まった岩石！

斑晶(はんしょう)と石基(せっき)―斑状(はんじょう)組織

　マグマが地表に噴出して、急速に冷え固まってできた岩石が火山岩です。火山岩のつくりの基本は、「**斑晶**」と呼ばれる、肉眼でも見えるほどの割合に大きな鉱物結晶と、その周りのほとんど粒が見えないのっぺりした部分「**石基**」からなることです（**斑状組織**という）。

　斑晶は、マグマがまだ地下の「マグマだまり」にあった時に、マグマがゆっくり冷えるのにしたがってマグマから結晶し、大きく成長したものです。これらは、液体のマグマから自由に結晶成長するので、その鉱物特有の形（**自形**(じけい)）を示します。そのような斑晶を含んだ状態の液体のマグマが火山から噴出し、地表で急激に冷やされると、斑晶以外のマグマの部分が細かい結晶の集合体となり、それがすなわち石基なのです。

■ 火山岩のつくり

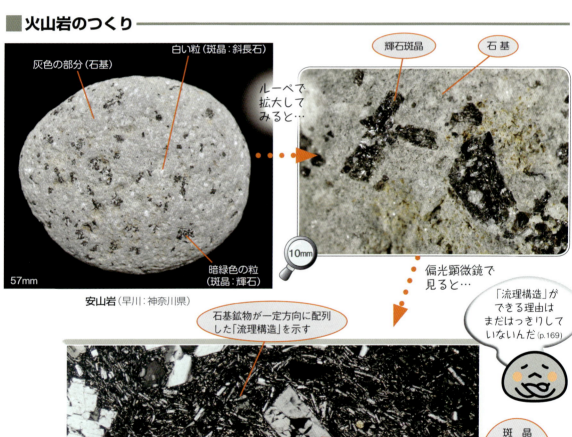

安山岩（早川：神奈川県）

安山岩の偏光顕微鏡像（直交ポーラー）（早川：神奈川県）

■ 火山岩をつくる火山噴火

桜島2014年の噴火

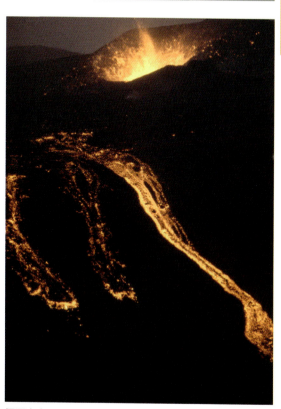

伊豆大島1986年の噴火 [毎日新聞社提供]

■ 火山岩のでき方

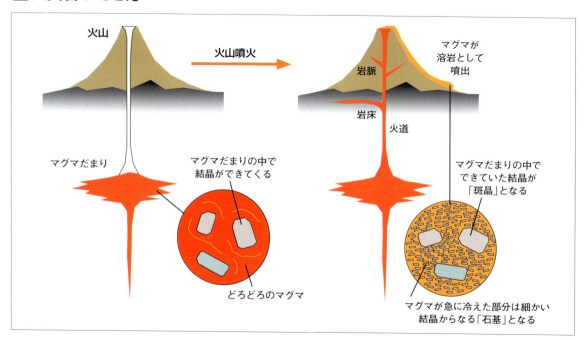

火山岩

斑晶がないこともある

　火山岩は斑晶と石基からできていると述べましたが、斑晶の量は多いものもあれば少ないものもあり、まったく含まないものもあるのです。マグマがマグマだまりにとどまる時間が少なかったり、せっかく斑晶ができても、マグマからとりのぞかれたりすると(p.36)、斑晶が少なくなるわけです。つまり、火山岩の本質は斑晶ではなく石基(地表で急冷された部分)なのです。

　斑晶を全く含まないものは、肉眼では火山岩とはわかりにくいですが、顕微鏡で観察すると、石基鉱物(とくに斜長石)に自形の結晶が多く見られ、マグマが固結した火山岩であることがわかります。

斑晶を多く含む玄武岩(富士川：静岡県)

偏光顕微鏡像(直交ポーラー)
斜長石、かんらん石、輝石などの斑晶を多量に含む

斑晶をほとんど含まない玄武岩(千葉県鴨川市)

偏光顕微鏡像(直交ポーラー)
全体に粗粒の石基鉱物でできており、斜長石結晶が細長い自形を示している

穴が空いている

　マグマには多量のガスが溶け込んでおり、圧力の低い地表に噴出すると、コーラの栓を開けた時のように発泡します。それらがマグマから抜け切らないうちに固まると、穴だらけの岩石ができます。溶岩の表面付近の岩石に多く、中心部は割合に穴が少ないです。古い時代にできた火山岩では、この穴を後から別の鉱物が埋めていることも多いです(**アミグデュール**という)。その場合、斑晶と見間違うこともありますが、斑晶は角張っている(自形)のに対して、気泡は丸みを帯びているのが見分けるポイントです。

安山岩(千葉県銚子市)　ガスが抜けた多数の穴が空いている

玄武岩(神奈川県大磯町) 気泡を方解石などが埋めた火山岩（白い部分）。気泡の形が丸いことがわかる

軽石(千葉県銚子市) 穴が空いた石の最たるものは「軽石」であろう。軽石も火山岩の一種である

ガスが激しい勢いでマグマから抜け出ていくため、方向性のある細長い穴がたくさん密集している。また、全体的に急冷されてガラス質になっている

火山岩の種類とマグマの性質

　火山岩は、その元となるマグマの性質、とくに、含まれる「**二酸化珪素（SiO_2：シリカ）**」の含有量によって区分されます。

　少ない方から、玄武岩、安山岩、デイサイト、流紋岩と呼ばれます。シリカが少ないほど岩石の色が黒っぽく、多いほど白っぽくなります。また、マグマの性質としては、シリカが少ないほど粘り気が少ないさらさらした溶岩となり、噴火も穏やかになるのに対して、シリカが多くなると、溶岩の粘り気が強くなり、流れにくくなるほか、含まれるガス成分が逃げ出しにくいため、爆発的な噴火を起こしやすくなります。

石英や水晶は、シリカ（SiO_2）の結晶だよ～

それで、シリカの量が多いと、白っぽい岩石になるんだ

■ 元となるマグマと生成される岩石の関係 ■

マグマ中のシリカ（SiO_2）の量	少			多
マグマの粘り気	弱			強
噴火のタイプ	穏やか ←			→ 爆発的
岩石の色	黒っぽい ←			→ 白っぽい
火山岩（地表で固結）	玄武岩	安山岩	デイサイト	流紋岩
（半深成岩）	ドレライト	閃緑斑岩		花崗斑岩
深成岩（地下深くで固結）	斑れい岩	閃緑岩	花崗閃緑岩	花崗岩

玄武岩（狩野川：静岡県）　　**安山岩**（早川：神奈川県）　　**流紋岩**（鬼怒川：栃木県）

火成岩 / 火山岩

玄武岩（げんぶがん） basalt

地球上でもっとも多い火山岩

　玄武岩はマグマが地表に噴出してできる火山岩の一つです。マグマの粘り気が小さく、さらさらとした溶岩となり、なだらかな形の火山をつくります（**楯状火山**）。日本では富士山や伊豆大島の岩石が玄武岩です。実は、太平洋や大西洋など大きな海洋の海底の表層はほとんどがこの玄武岩でつくられています。そのために、地球上でもっとも多い火山岩なのです。

玄武岩の特徴

- 色は濃い灰色〜黒色。淡い灰色の場合もある。古い時代の玄武岩は、緑色や赤色を帯びていることも多い。
- 斑晶は有色鉱物ではかんらん石や輝石が含まれる。無色鉱物の斜長石も含む。ただし、斑晶はほかの火山岩に比べて少ない傾向がある。マグマの粘り気が小さいため、結晶ができても、マグマだまりの底に沈んだりして、とりのぞかれてしまうからである。

玄武岩（狩野川：静岡県伊豆の国市）

かんらん石斑晶 べっこう飴のような色 ／ 石基

 7mm

マグマの粘り気と岩石の関係については、p.35参照！

かんらん石斑晶 つぶれた六角形の形

玄武岩の偏光顕微鏡像（直交ポーラー）
（神奈川県大磯町西小磯海岸）

斜長石斑晶 ／ かんらん石斑晶

玄武岩の偏光顕微鏡像（直交ポーラー）
（狩野川：静岡県伊豆の国市）

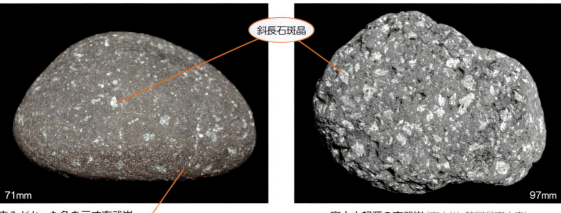

斜長石斑晶

71mm　赤みがかった色を示す玄武岩（天竜川：静岡県浜松市）

97mm　富士山起源の玄武岩（富士川：静岡県富士市）

含まれる磁鉄鉱が酸化して赤鉄鉱になることで赤くなる

溶岩が急冷されて表面は黒色のガラス質になっている

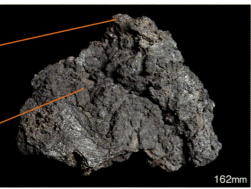

伊豆大島1986年噴火の玄武岩（溶岩餅）(p.86)（東京都大島町元町）ガスが抜けた多数の穴が空いている

162mm

玄武岩の縄状溶岩（東京都八丈島）
粘り気の少ないマグマが地表を流れてできる代表的な形態

玄武岩マグマが水中に噴出してできる枕状溶岩（千葉県鴨川市）

玄武岩がつくるなだらかな楯状火山（ハワイ島マウナロア：標高 4,170m）

安山岩 andesite

日本の火山でもっとも多い火山岩

　安山岩もマグマが地表に噴出してできる火山岩の一つです。玄武岩に比べるとマグマの粘り気がやや大きく、溶岩が流れるスピードがゆっくりとなるほか、ガスが抜けにくくなるため、ときどき爆発的な噴火を行い、火山灰を堆積させます。そのため、溶岩と火山灰が重なった円錐形の「**成層火山**」をつくります。日本の多くの火山はこの安山岩でできています。

安山岩の特徴

- 色は灰色が基本だが、火山の噴火口周辺では含まれる鉄分が酸化して赤色を帯びることも多い。急冷した岩石では黒色を示すものもある（ガラス質）。
- 一般に斑晶を多く含み、有色鉱物では輝石（単斜輝石、直方輝石）(p.7) や普通角閃石が含まれ、無色鉱物の斜長石も多い。有色鉱物が目立たず、斑晶がほとんど斜長石のみの場合も多い（肉眼で）。
- 気泡の穴が空いていることが多い（新生代第四紀火山の場合）。

斑晶が斜長石だけの場合、玄武岩との区別が難しいよ！

気泡が多く見られる
斜長石斑晶（白）多い

68mm

灰色の部分と赤色の部分が混じる安山岩（那珂川：栃木県大田原市）

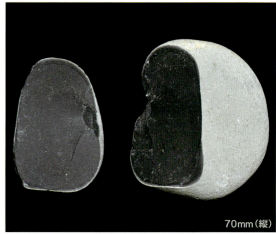

70mm（縦）

ガラス質安山岩（千葉県君津市：上総層群万田野層中の礫）
表面は風化によりベージュ色を示すが、割ると中が真っ黒（斑晶もほとんど含まない）

安山岩からなる鳥海山（山形県遊佐町）

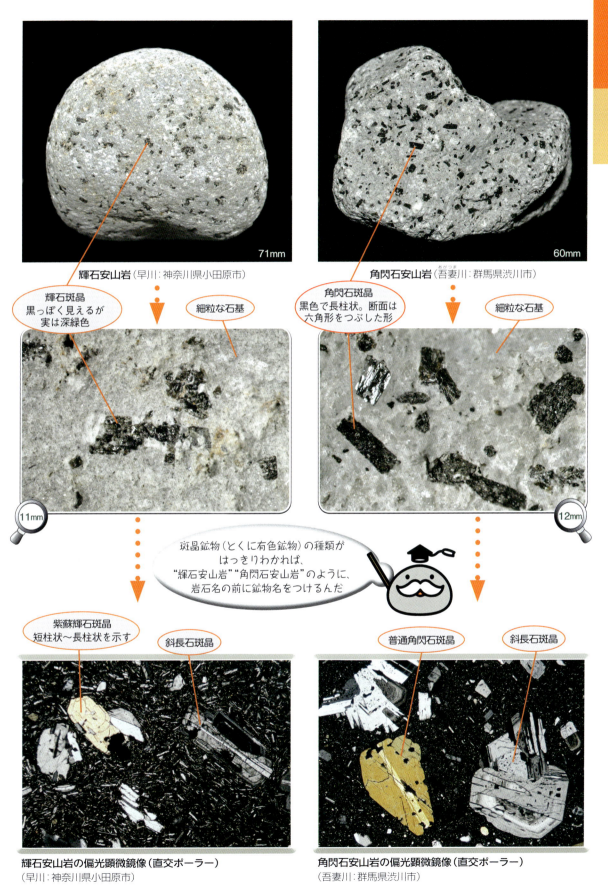

デイサイト dacite

安山岩と流紋岩の中間的な火山岩

マグマが地表に噴出してできる火山岩の一つで、「石英安山岩」とも呼ばれます。安山岩よりもさらにマグマの粘り気が大きく、溶岩が流れるスピードがかなり遅くなります。ガスが抜けにくくなるため、爆発的な噴火を行い、火砕流を発生させることが多いです。1991年に噴火した長崎県の雲仙・普賢岳が有名です。

デイサイトの特徴

- 色は灰色〜淡い灰色が基本で（安山岩より淡い）、安山岩と同様に火山の噴火口周辺では酸化によって赤色を帯びていることもある。
- 斑晶は、有色鉱物では普通角閃石や黒雲母が含まれる。無色鉱物では斜長石のほか石英も含まれる。
- 石基部分は安山岩よりやや硬そうな感じ（石英の成分がやや多いため）。
- 気泡の穴が空いていることが多い（新生代第四紀火山の場合）。

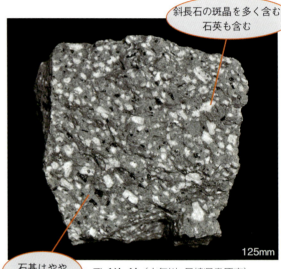

デイサイト（水無川：長崎県島原市）

デイサイトも安山岩との区別がちょっと難しいんだ…

デイサイトの偏光顕微鏡像（直交ポーラー）
（水無川：長崎県島原市）

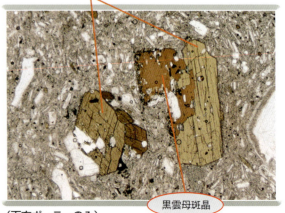

（下方ポーラーのみ）

火成岩　火山岩

デイサイト（長崎県島原市眉山）

デイサイト（阿賀川：福島県下郷町）

デイサイト（大山：鳥取県大山町）

雲仙・普賢岳と水無川土石流跡（長崎県島原市）　噴出物は全般的に白っぽい色をしている（1992年4月）

流紋岩 rhyolite

日本の古い時代の火山に多い火山岩

流紋岩もマグマが地表に噴出してできる火山岩の一つです。マグマの粘り気がかなり大きく、溶岩は流れるというより絞り出されてくるイメージです。お供え餅型（溶岩円頂丘）や釣り鐘型（火山岩尖）の火山をつくります。日本では新生代新第三紀や中生代白亜紀の時代に数多くつくられています。カルデラをつくる大規模な火山噴火（火砕流を噴出する）と密接に関係しています。新しい時代の流紋岩の火山は伊豆諸島などで見ることができます（新島、神津島など）。

流紋岩の特徴

- 色は白色が基本だが、灰色、赤色、黄褐色、淡緑色、淡紫色などいろいろな色を示すことがある。
- 斑晶として石英を含むことが多い。有色鉱物は少ないが、普通角閃石や黒雲母を含む場合がある。
- 石基にも石英の成分を多く含むので、全体的に硬い感じ。
- 溶岩の流れでつくられた縞模様（流理構造）(p.169)を示す場合がある。それがこの岩石名の由来となっている。
- 石英質の球状の物質「球顆」(p.163)を含む場合がある。

流紋岩（鬼怒川：栃木県小山市）

鉄分の浸透により褐色の複雑な模様を示す流紋岩
（木曽川：岐阜県笠松町）

流紋岩の偏光顕微鏡像（直交ポーラー）
（鬼怒川：栃木県小山市）

火成岩　火山岩

流理構造の発達した流紋岩（千曲川：長野県小布施町）
地層（堆積岩）のようにも見えるが、角張った自形の斜長石斑晶を含むことで火山岩とわかる

斜長石斑晶

球顆を多く含む流紋岩（千曲川：長野県小布施町）
球顆は石英質鉱物の球状の集合体で、石英、玉髄、オパールなどから構成される

流理構造の発達した流紋岩の偏光顕微鏡像（直交ポーラー）（千曲川：長野県小布施町）

斜長石斑晶

（下方ポーラーのみ）

流理構造の部分は粗い結晶の層と細かい結晶の層との繰り返しからなる

流紋岩は顔つきがいろいろだねぇ

▼とがった火山岩尖からなる昭和新山（北海道壮瞥町）

お供え餅状の流紋岩溶岩（溶岩円頂丘）からなる伊豆諸島の神津島（東京都神津島村）

火成岩 / 火山岩

黒曜岩・真珠岩・松脂岩
obsidian ・ perlite ・ pitchstone

レア度 ★★★★☆

ガラス質の特殊な火山岩

　石器時代に矢じりやナイフとしてよく使われた黒曜岩（黒曜石）も、マグマが地表に噴出してできる火山岩の一種です。とくにシリカ成分の多い流紋岩質マグマが急冷してできた岩石（ガラス質流紋岩）といわれ、ゆっくり冷えた部分はふつうの流紋岩になります。ただし、単なる急冷が原因とはいえないような観察例も見受けられます。含まれる水の量が多くなるに従って、真珠岩、松脂岩と変化します。

黒曜岩・真珠岩・松脂岩の特徴

- 黒曜岩は塊状のガラス質で、透明感があって、割ると鋭い破片ができる。旧石器時代の代表的な石器材料として珍重された。
- 真珠岩もガラス質だが、「**真珠状構造**」（玉ねぎの皮をむいたような、中心に芯をもつ同心円構造）が顕著に発達する。松脂岩もガラス質だが、やや鈍い樹脂～油脂光沢を示す傾向があり、真珠状構造を示す場合もある。
- 黒曜岩は黒色、灰色、褐色など、真珠岩は黒色、白色、緑色など、松脂岩は緑色を示すことが多い。
- 斑晶はそれほど多く含まないが、斜長石が割合に多く含まれる場合がある。
- 丸い球顆（石英やクリストバル石などの細粒の結晶の集合体）が含まれる場合がある。

内部は黒色だが、表面はくもりガラスのように白くなっている

欠けた部分には、貝殻状の割れ口（断口）が見られる

54mm

黒曜岩（湧別川：北海道遠軽町）

ガラス質の黒曜岩が黒く見える理由は、このような黒色の微粒子（マイクロライト）がまんべんなく含まれているからといわれている

0.1mm

黒曜岩の偏光顕微鏡像（下方ポーラーのみ）
（湧別川：北海道遠軽町）

90mm

黒曜岩の断口（長野県和田峠）　黒曜岩を割ると顕著な貝殻状の割れ口（断口）が現れる

黒曜岩の露頭（北海道遠軽町）　流理構造を示し、元が溶岩であることがわかる

火成岩 火山岩

真珠岩（只見川支流：福島県金山町）

全体に真珠状構造が発達している

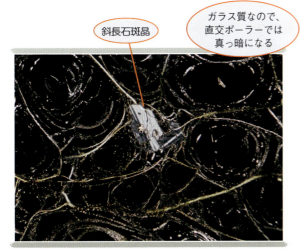

真珠岩の偏光顕微鏡像（直交ポーラー）
（只見川支流：福島県金山町）

斜長石斑晶

ガラス質なので、直交ポーラーでは真っ暗になる

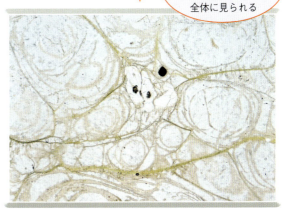

（下方ポーラーのみ）

同心円状あるいはバラの花のような真珠状構造が全体に見られる

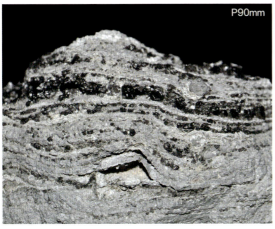

黒曜岩と流紋岩の'互層'（東京都神津島村）
黒曜岩の成因が単なるマグマの急冷とはいえないことを示す

松脂岩の破断面（豊川：愛知県豊橋市）
ガラス質に近いことがわかる

ドレライト（粗粒玄武岩）
dolerite

少しゆっくり冷えた火山岩
（玄武岩質）

　玄武岩質マグマが地表近くに上昇してきて、マグマの通り道の「火道」やそこから枝分かれした「岩脈」や「岩床」の中で (p.33)、割合にゆっくり冷えて固まった岩石で、地表に噴出した玄武岩と構成する鉱物は同じですが結晶サイズが大きいことが特徴です（後述の深成岩ほどではない：p.58）。かつては「半深成岩」と呼ばれた火成岩の一つですが、現在は火山岩に含められています。

ドレライトの特徴

- 石基の結晶サイズが肉眼でも認められるぐらい大きい（一般に深成岩よりは細粒）。ルーペではっきりと見える。
- 岩石をおもに構成する斜長石はかなり細長い形をしている（ある程度急速に成長したためで、深成岩である斑れい岩に含まれている斜長石はこのように細長くはない：p.58）。また、斜長石の結晶の向きはばらばらで、一定方向を向いてはいない（流理構造はみられない）。

無斑晶質のドレライト（千葉県鴨川市八岡海岸）

細長い白い斜長石の結晶が、さまざまな方向に向いている

玄武岩とドレライトは、同じ性質のマグマでできているんだね

ドレライトと玄武岩の結晶サイズを比べてみよう！

↓同じ倍率で比較したドレライト（左頁）

ドレライトの偏光顕微鏡像（直交ポーラー）
（千葉県鴨川市八岡海岸）

単斜輝石が斜長石のすき間を埋める　　細長い形態の斜長石

（下方ポーラーのみ）

火成岩　火山岩

ドレライトの岩床（山形県酒田市）
新第三紀の地層中にほぼ水平に貫入した岩床

ドレライトの岩脈（伊豆諸島：利島）
火山体をつらぬく垂直な岩脈。この中では、マグマは割合にゆっくりと冷えて、結晶のサイズが大きくなる

無斑晶質のドレライト（北海道礼文島）

同心円状に岩石が風化する「玉ねぎ状風化」を示すドレライト（北海道礼文島）

と玄武岩（右頁）　（玄武岩の石ころはp.34参照）

細長い斜長石と間を埋める輝石からなるのは共通

玄武岩（枕状溶岩）の偏光顕微鏡像（直交ポーラー）
（千葉県鴨川市）

（下方ポーラーのみ）

47

花崗斑岩・閃緑斑岩
granite porphyry ・ diorite porphyry

少しゆっくり冷えた火山岩
（流紋岩・安山岩質）

　ドレライトと同様に、かつて「半深成岩」に含まれていた岩石で、それぞれ流紋岩・安山岩質マグマが地下の浅い場所でややゆっくりと冷え固まった岩石です。閃緑斑岩は、かつて「ひん岩」と呼ばれていたこともあります。石基鉱物が全体的に粗粒であるのに加えて、大型の斑晶も数多く含みます。これは、マグマの粘性が高いため、できた斑晶がマグマから抜け去りにくいためと推測されます。

花崗斑岩・閃緑斑岩の特徴
- 石英や斜長石、カリ長石の大型の斑晶を多く含む。
- 石基は比較的粗粒だが、斑晶とは明瞭な差がある（斑状組織である）(p.32)。
- 普通角閃石や黒雲母などの有色鉱物の斑晶を含む場合もある。

マグマの性質と岩石の種類については、p.35を見てね

花崗斑岩（木曽川：岐阜県笠松町）

花崗斑岩の偏光顕微鏡像（直交ポーラー）
（千葉県君津市：上総層群万田野層中の礫）

（下方ポーラーのみ）

火成岩 火山岩

閃緑斑岩（酒匂川：神奈川県小田原市）

閃緑斑岩の偏光顕微鏡像（直交ポーラー）
（酒匂川：神奈川県小田原市）

（下方ポーラーのみ）

閃緑斑岩から構成される北アルプス奥穂高岳ジャンダルム
（長野県松本市）［加藤久佳氏提供］

閃緑斑岩から構成される北アルプス間ノ岳（長野県松本市）
［加藤久佳氏提供］

深成岩

マグマが地下深くでゆっくり冷え固まった岩石!

等粒状組織

深成岩は、マグマが地下のマグマだまりの中でゆっくりと冷えて、最終的に地下で全部固まって岩石となったものです。その後、地殻変動を受けて地上にもち上げられ、浸食によって周りの岩石が削られてはじめて、地表に露出するようになったわけです。

深成岩をつくる鉱物は、地下でじっくりと成長したため、一粒一粒が肉眼でも見えるほどサイズが大きくなっています。全体が同じぐらいのサイズの鉱物からできていることから、その構造は「**等粒状組織**」と呼ばれます。

■ 深成岩のつくり

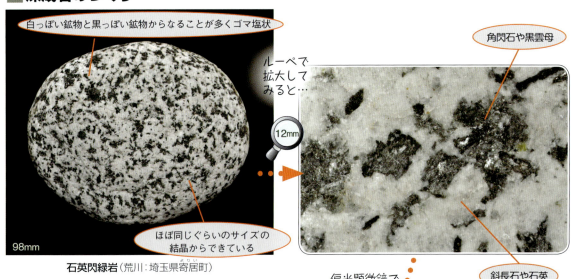

- 白っぽい鉱物と黒っぽい鉱物からなることが多くゴマ塩状
- ほぼ同じぐらいのサイズの結晶からできている
- 角閃石や黒雲母
- 斜長石や石英
- ルーペで拡大してみると… (12mm)

石英閃緑岩(荒川：埼玉県寄居町)

偏光顕微鏡で見ると…

- 石英
- 火山岩のような石基(細かい結晶からなる部分)はない
- 黒雲母
- 普通角閃石
- 斜長石

石英閃緑岩の偏光顕微鏡像(直交ポーラー)(荒川：埼玉県寄居町)

深成岩のでき方

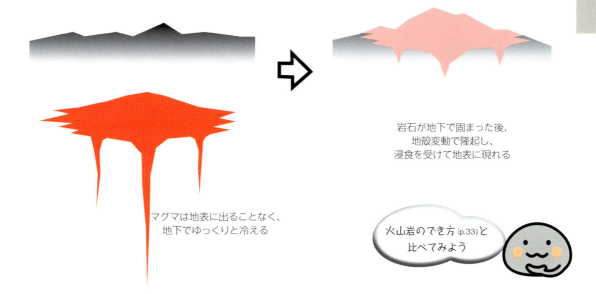

マグマは地表に出ることなく、地下でゆっくりと冷える

岩石が地下で固まった後、地殻変動で隆起し、浸食を受けて地表に現れる

火山岩のでき方（p.33）と比べてみよう

自形の鉱物と他形の鉱物

サイズは同じぐらいとはいえ、鉱物の種類によって、マグマから晶出する際の順序の違いがあることから、よく見ると、先に晶出したものは**自形**に近い形を示しますが、後から晶出したものは、先に晶出した鉱物のすき間の形に合わせた不定形の形（**他形**）になっていることがわかります。どの鉱物が先に晶出するかは、鉱物の融点の違いのほか、マグマ全体の化学組成によっても順序が変化します。

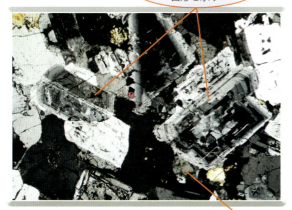

石英閃緑岩の偏光顕微鏡像（直交ポーラー）
（荒川：埼玉県寄居町）

- 先に結晶した斜長石は自形を示す
- 後から結晶した石英や黒雲母は他の鉱物のすき間を埋めた形（他形）を示す

斑れい岩の偏光顕微鏡像（直交ポーラー）
（千葉県鴨川市）

- 普通角閃石は細長く自形性が高い
- 斜長石はやや遅れて晶出し、他の鉱物のすき間を埋めている場合が多い

鉱物のでき方にも順序があるんだね！

火成岩 / 深成岩

花崗岩・花崗閃緑岩
granite ・ granodiorite

レア度 ★☆☆☆☆

大陸の主体をなす岩石

花崗岩は、マグマが地下深くでゆっくりと冷えて固まってできた深成岩の代表です。「みかげ石」とも呼ばれ、墓石やビルの外壁などによく使われています。玄武岩が海底を代表する岩石なのに対して、花崗岩は陸地（**大陸**）を代表する岩石です。日本列島は大陸ではありませんが、発達した「**島弧**」であり、花崗岩質地殻が形成されています。大規模な岩体をつくることが多く、この花崗岩でできた山が各地に見られます。日本列島では、中生代白亜紀にできたものが多く見られます。

花崗岩・花崗閃緑岩の特徴

● 肉眼で見えるサイズの、白っぽい鉱物（**無色鉱物**）と黒っぽい鉱物（**有色鉱物**）からなる。花崗岩は無色鉱物が多く、全体的に白っぽい岩石。花崗閃緑岩は花崗岩よりも有色鉱物の量が多い。

● 無色鉱物は、石英、斜長石、カリ長石などからなり、有色鉱物は普通角閃石、黒雲母などからなる。石英は無色透明だが、長石と比べると灰色に見える。カリ長石は普通は白色だが、ピンク色を示す場合がある。

● 全体的に均質で、あまりむらがない。鉱物のサイズには産地ごとにある程度の変化がある。

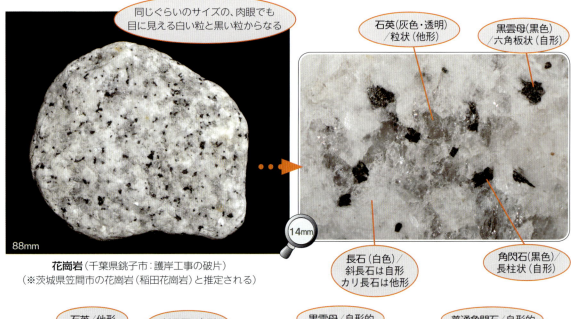

花崗岩（千葉県銚子市：護岸工事の破片）
（※茨城県笠間市の花崗岩（稲田花崗岩）と推定される）

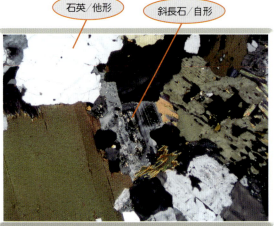

花崗岩の偏光顕微鏡像（直交ポーラー）（愛知県豊田市）

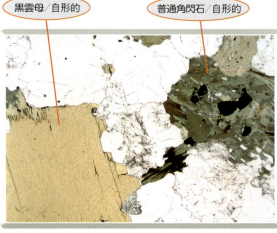

（下方ポーラーのみ）

火成岩 深成岩

淡いピンク色を示す花崗岩（千曲川：長野県小布施町）

淡いピンク色を示すのはカリ長石

カリ長石を多く含む花崗岩の偏光顕微鏡像（直交ポーラー）
（千曲川：長野県小布施町）

顕著なパーサイト組織（2つの成分の長石に分離したもの）を示すカリ長石

黒雲母

花崗閃緑岩（置賜野川：山形県長井市）
やや風化が進んで、長石がかなり白っぽくにごっている

花崗岩よりも有色鉱物が多い

角閃石

斜長石／自形　　黒雲母／自形的　　石英／他形

角閃石／自形

15mm

筑波山周辺の花崗岩の石切場（茨城県桜川市真壁町）
墓石やビルの外壁などの石材として大量に採掘されている

粗粒の花崗岩は、風化作用によってぼろぼろに崩れやすくなる。これを「マサ」あるいは「マサ土」と呼んでいる

風化によりマサ化した花崗岩（群馬県みどり市東町）

玉ねぎ状に風化し、中心部が球状に残る。この部分は硬くて新鮮（風化・変質していない）

火成岩
深成岩

アプライト・ペグマタイト
aplite ・ pegmatite

レア度

花崗岩に密接に伴う岩石

　花崗岩マグマが固結して岩石になる過程で、いくつかの付随した現象が認められ、特徴的な岩石が形成されます。

　マグマがある程度固結した段階で、固結末期のマグマが、すでに固結していた部分に岩脈状(p.33)に貫入し、岩石ができる場合があります。ほとんどが長石や石英などの無色鉱物からなり、全体として白い岩石で、赤色の小粒のざくろ石を含むことがあります。これがアプライトと呼ばれる岩石です。

　また、花崗岩マグマの固結の最末期に、最後のマグマ残液がきわめてゆっくりと固結し、非常に大粒の結晶に成長する場合があり、その部分をペグマタイトと呼びます。この残液中にはそれまでに結晶の中に入れなかった特殊な元素（**液相濃集元素**。イオン半径やイオン価数が大きい元素：p.6）が濃縮しており、特殊な鉱物が生成される場合がよく見られます。そのため、レアメタル鉱物の資源とされることもあります。

白い部分；
石英、カリ長石、
斜長石など

アプライト（天竜川：静岡県浜松市）

アプライトの特徴

● 色は白色で、有色鉱物はほとんど含まず、白色鉱物がモザイク状を示している（花崗岩から有色鉱物を取り除いたような感じ）。
● ざくろ石を含む場合がある。

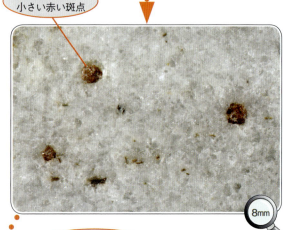

ざくろ石
小さい赤い斑点

ざくろ石
直交ポーラーでは常に暗黒に見える
（等軸晶系(p.167)のため）

黒雲母

アプライトの偏光顕微鏡像（直交ポーラー）
（天竜川：静岡県浜松市）

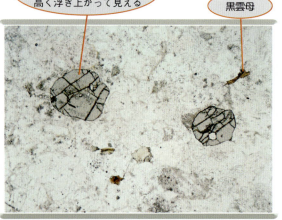

ざくろ石
下方ポーラーのみでは屈折率が
高く浮き上がって見える

黒雲母

（下方ポーラーのみ）

花崗岩（マサ化）を貫くアプライト脈（茨城県日立市）

ペグマタイトの特徴

- かなり大型の石英、カリ長石、雲母などからなる。
- 特殊な鉱物を含む場合がある（電気石など）。
- 周囲は花崗岩である。

アプライトとペグマタイトは、どちらも花崗岩にともなって形成されるけど、でき方はだいぶちがうんだね

ペグマタイトの部分 粗粒の石英・カリ長石・黒雲母・白雲母

通常の花崗岩（細粒）

105mm

ペグマタイト（茨城県桜川市真壁町）

レアメタルの一種のリチウムを含み、特徴的なピンク色を示す電気石

70mm

リチア電気石を含むペグマタイト（ブラジル）

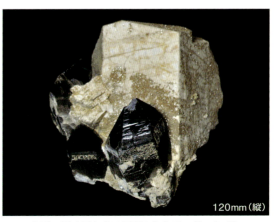

120mm（縦）

大型の黒水晶とカリ長石からなるペグマタイト
（岐阜県中津川市蛭川）

閃緑岩・石英閃緑岩・トーナル岩
diorite ・ quartzdiorite ・ tonalite

レア度 ★★★☆☆

大陸の地下深くでつくられる岩石（安山岩質）

　安山岩質マグマが地下深くでゆっくりと冷えて固まってできた深成岩。花崗岩類と同様に大陸（島弧）地域でつくられる深成岩で、一般に海洋地域には産出しません。花崗岩や花崗閃緑岩との違いはカリ長石を含まないこと（カリウムに乏しいこと）で、火山フロント（＝火山前線。火山帯の海溝側の縁：p.162）に近い場所の深部でできたことが想定されます（火山フロントから離れるに従って、カリウムの含有量が増えることが知られているため）。

閃緑岩・石英閃緑岩・トーナル岩の特徴

- 肉眼で見えるサイズの、白っぽい鉱物（無色鉱物）と黒っぽい鉱物（有色鉱物）からなる。
- 無色鉱物はおもに斜長石からなり、石英が多くなるにつれて、閃緑岩から石英閃緑岩、トーナル岩と変化する。肉眼では、この違いはなかなか判定できない。ただし、この順に白っぽい鉱物の量が増えていく傾向はある。カリ長石はほとんど含まない。
- 有色鉱物はおもに普通角閃石で、黒雲母も含まれる。

閃緑岩（置賜野川：山形県長井市）　黒い粒が多い　112mm

閃緑岩（酒匂川：神奈川県小田原市）　80mm

角閃石斑れい岩（→p.58）とよく似ており、区別は難しい　（両者の分類は斜長石の化学組成による）

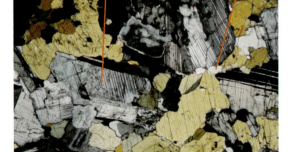

閃緑岩の偏光顕微鏡像（直交ポーラー）
（酒匂川：神奈川県小田原市）
斜長石／自形的　石英／他形

（下方ポーラーのみ）
普通角閃石／他形

火成岩 深成岩

同じぐらいのサイズの肉眼でも目に見える白い粒と黒い粒からなる

角閃石や黒雲母（黒い粒）
斜長石や石英（白い粒）

石英閃緑岩（荒川：埼玉県寄居町）
98mm

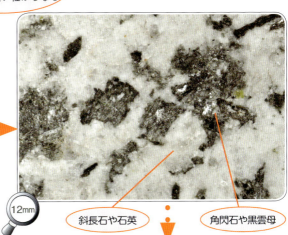

12mm

斜長石や石英
角閃石や黒雲母

黒雲母／他形　石英／他形　斜長石／自形的　普通角閃石／他形

石英閃緑岩の偏光顕微鏡像（直交ポーラー）（荒川：埼玉県寄居町）

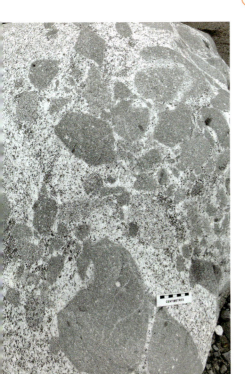

トーナル岩巨大転石（角閃岩捕獲岩を含む）
（神奈川県丹沢山地）[金子慶之氏提供]

マグマが地下深くから地表に向かって上昇してくる時、周りの岩石を運んできてしまうことがあるんだ。このような岩石を捕獲岩（ゼノリス）というよ

白い粒が多い

トーナル岩（相模川：神奈川県相模原市）
100mm

57

斑れい岩 gabbro

地殻の深部で固まった岩石
（玄武岩質）

花崗岩が"流紋岩質マグマ"が地下深くでゆっくりと冷えて固まってできた深成岩であるのに対して、斑れい岩は"玄武岩質マグマ"が地下でゆっくりと冷えて固まったものです。しかし、花崗岩はマグマの粘り気が高く、マグマがそのまま冷えて固まったものなのに対して、斑れい岩の場合はマグマの粘り気が小さいため、晶出した結晶（火山岩の斑晶に相当する）がマグマだまりの底に沈殿しそこで積み重なって固まったものなのです（「**集積岩（キュムレート）**」とも呼ばれます）。同じ深成岩でもでき方が微妙に違うといえます。

斑れい岩は大陸（地殻）にも海洋（地殻）にも地下深部に存在しています。大陸地殻の斑れい岩は花崗岩に伴って産出することが多いのに対して、海洋地殻の斑れい岩は玄武岩や蛇紋岩（かんらん岩）などに伴うことが多くなっています（これらの岩石の組み合わせからなる岩体は「**オフィオライト**」と呼ばれます）。

斑れい岩の特徴

- 肉眼で見えるサイズの白っぽい鉱物（無色鉱物）と黒っぽい鉱物（有色鉱物）からなり、有色鉱物の割合が多い。
- 無色鉱物はほとんど斜長石からなり石英は含まない。有色鉱物はかんらん石、輝石、角閃石などからなる。
- 粒のサイズはさまざまで、ペグマタイト的な大きな結晶のものもあれば、かなり細粒なものもある。また、均質（無構造）の場合もあれば、層状の場合もある（層によって鉱物の構成や粒の大きさが異なる場合がある）。
- 鉄鉱物を含む場合と含まない場合があり、磁石のつき方が異なる。

角閃石斑れい岩（千葉県鴨川市八岡海岸）

角閃石斑れい岩の偏光顕微鏡像（直交ポーラー）
（酒匂川：神奈川県小田原市）

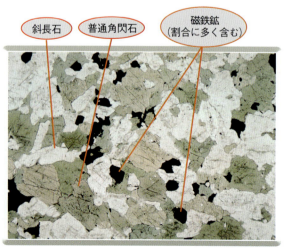

（下方ポーラーのみ）

火成岩 深成岩

輝石斑れい岩（安倍川：静岡県静岡市）
同じぐらいのサイズの、肉眼でも見える白い粒と黒い粒からなるが、黒い粒のほうが多い。

※石英やカリ長石は含まない　52mm

輝石（黒い粒）　　斜長石（白い粒）

70mm

角閃石／巨晶
斜長石／巨晶

粗粒のペグマタイト質斑れい岩（千葉県鴨川市八岡海岸）

8mm
拡大すると輝石は真っ黒ではないことがわかる

斜長石（白い粒）　　輝石（黒褐色の粒）

結晶がマグマだまりの底に沈殿してできたか、あるいは、さまざまな時期の斑れい岩（マグマ）が脈状に注入したか…？

層状斑れい岩（千葉県鴨川市八岡海岸）

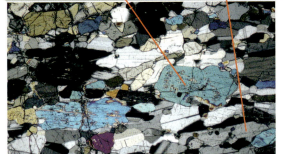

単斜輝石／自形的　　斜長石／やや自形的

輝石斑れい岩の偏光顕微鏡像（直交ポーラー）
（千葉県鴨川市）

斜長石
後から晶出しているが細長い

かんらん石
先に晶出しているが粒状

単斜輝石／他形

かんらん石斑れい岩の偏光顕微鏡像（直交ポーラー）
（高知県室戸岬）

火成岩
深成岩

かんらん岩・蛇紋岩
peridotite・serpentinite

レア度 ★★★★☆

※蛇紋岩は厳密には変成岩に含まれるが、かんらん岩との関係が深いこと、両者の境界が明確でないことなどから、本書では本項で取り上げる。

かんらん岩 蛇紋岩

地球深部のマントルをつくる岩石

地球の表層は厚さ数km～40kmの地殻で覆われており、その下にマントルが存在します。マントルは厚さが2,900kmもあり、下の方がどのような岩石かははっきりしていませんが、最上部付近は「かんらん岩」という岩石でできていると考えられています。まだ人間の手で直接に掘り出されたことはありませんが、地球自体の営みによって地表に運ばれてくることがけっこうあります。1つは玄武岩マグマ中の「捕獲岩」として、もう1つは玄武岩・斑れい岩などとともにオフィオライト(p.58)の構成メンバーとして、おもにプレートどうしがぶつかり合う「プレート境界」付近で地表に出現します。かんらん岩が変質した岩石が蛇紋岩です。

かんらん岩の特徴

- かんらん石を主体とし、少量の輝石を含む。斜長石などの無色鉱物はほとんど含まず、「**超苦鉄質岩**」に分類される。火成岩としてはかなり特殊である。全体としてシリカの含有量が低い(超塩基性岩)。
- かんらん石は黄緑色、単斜輝石は鮮やかな緑色、直方輝石(斜方輝石)はくすんだ黒緑色を示す。結晶はいずれも肉眼で見えるサイズである。
- 有色鉱物が多いので、ずっしりと重い。

'苦'とはマグネシウム(Mg)のことだよ!

苦鉄質とは、"有色鉱物が多く含まれていること"で、反対に"無色鉱物が多く含まれていること"を珪長質というんだ

かんらん岩(玄武岩中の捕獲岩)(アメリカ:アリゾナ州)
直方輝石 濃緑色 / かんらん石 黄緑色

かんらん岩の偏光顕微鏡像(直交ポーラー)(玄武岩中の捕獲岩)(秋田県男鹿市一ノ目潟)
かんらん石 / 単斜輝石

かんらん岩(捕獲岩)(秋田県男鹿市一ノ目潟)

直方輝石 濃緑色 / かんらん石 黄緑色 / 単斜輝石 鮮やかな緑色

大粒のかんらん石は、宝石の「ペリドット」として利用されている

火成岩 深成岩

かんらん岩
（幌満川：北海道様似町）

粒はあまりはっきりしないが、全体がかんらん石と輝石でできている

かんらん石はオレンジ色に変質

表面が風化したかんらん岩
（幌満川：北海道様似町）

黒っぽい粒子は直方輝石で、鮮やかな緑色は単斜輝石

岩石は、シリカの含有率が少ないものを塩基性、多いものを酸性と呼ぶけれど、苦鉄質⇔珪長質は、この塩基性⇔酸性とほぼ対応するんだよ。
なお、この酸性、塩基性という用語は、化学の酸性、塩基性（アルカリ性）とは意味が違うので注意が必要だよ

白っぽい部分はかんらん石の集合体
黒っぽい粒子は直方輝石
鮮やかな緑色は単斜輝石

かんらん岩研磨標本（北海道様似町）

層状かんらん岩（北海道様似町：アポイ岳）
かんらん石と輝石の含有率の異なる層が重なる
かんらん石に富む層は風化してオレンジ色を示す

かんらん岩と軽石の重さ比べ（左がかんらん岩）

かんらん岩・蛇紋岩

マントルをつくるかんらん岩が変質した岩石が蛇紋岩。p.60も参照してね！

蛇紋岩の特徴

- かんらん岩を構成していたかんらん石や輝石が蛇紋石という鉱物に変質している。とくにかんらん石の変質が著しく、輝石は割合に変質を免れて残っている場合がある。全体的に結晶の粒はほとんど見えなくなっているが、直方輝石（斜方輝石）を含む蛇紋岩は、変質して雲母状の光沢を示す大粒の直方輝石が目立つ。
- その名の通り、蛇の皮のような網目状の模様が見える場合がある（とくに風化が激しい蛇紋岩）。
- 岩石全体の色は深緑色から淡緑色までかなり変化がある。
- アスベストの脈を含む場合がある。

露頭から採取した蛇紋岩（千葉県鴨川市）
光沢のある表面を示すことが多い（剪断破砕による：p.166）

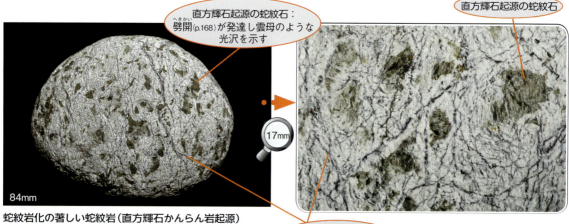

蛇紋岩化の著しい蛇紋岩（直方輝石かんらん岩起源）
（千葉県鴨川市八岡海岸）

直方輝石起源の蛇紋石：劈開(p.168)が発達し雲母のような光沢を示す

直方輝石起源の蛇紋石

かんらん石が変質して蛇紋石になった部分

蛇紋岩化の著しい蛇紋岩の偏光顕微鏡像（直交ポーラー）（神奈川県横須賀市）

全体が蛇紋石で、かんらん石は残っていない

直方輝石

（下方ポーラーのみ）

直方輝石

蛇紋岩化により磁鉄鉱が生成。このために磁石がつく

アスベスト脈を含む蛇紋岩（瀬戸川：静岡県藤枝市）

剪断破砕を受けた蛇紋岩の露頭（千葉県南房総市）

白石綿（しろせきめん）と呼ばれるアスベストは蛇紋石の一種（クリソタイル）なんだよ

直方輝石起源の蛇紋石：劈開（へきかい）が発達し雲母のような光沢を示す

蛇紋岩化が弱い蛇紋岩（直方輝石かんらん岩起源）
（千葉県鴨川市八岡海岸）

かんらん石が変質して蛇紋石になった部分　　直方輝石起源の蛇紋石

かんらん石がけっこう残っている　　蛇紋石

かんらん石　　蛇紋石

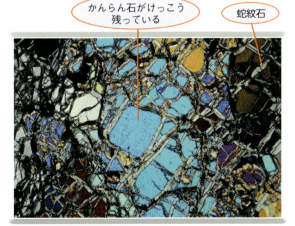

蛇紋岩化が弱い蛇紋岩の偏光顕微鏡像
（直交ポーラー）（千葉県鴨川市八岡海岸）

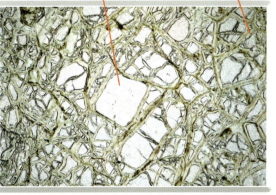

（下方ポーラーのみ）

輝岩・角閃石岩
pyroxenite ・ hornblendite

地殻深部の特殊な深成岩

　斜長石などの白い鉱物をほとんど含まず、ほとんど輝石のみ、あるいは角閃石のみからできている特殊な深成岩です。分類としては、かんらん岩と同じ超苦鉄質岩に含まれますが、成因としては斑れい岩に類似しており、マグマ中から晶出した鉱物がマグマだまりの底に沈殿してできた「**集積岩**」です。斑れい岩より先に（斜長石が晶出する前に）マグマだまりの下の方でつくられた岩石といえるでしょう。

輝岩・角閃石岩の特徴

- 輝岩は、肉眼で見えるサイズの大粒の輝石が集合した岩石。輝石は劈開をもつため、光が当たるとピカピカ光る。単斜輝石を主体とする**単斜輝岩**、直方輝石（斜方輝石）を主体とする**直方輝岩（斜方輝岩）**、両者が混じる**複輝石岩**がある。色は淡緑色、灰緑色などを示す。
- 角閃石岩は、同様に肉眼で見えるサイズの大粒の普通角閃石が集合した岩石。普通角閃石も劈開が顕著であり、光が当たるとかなりピカピカ光る。色は濃緑色、黒色など。

単斜輝岩（クリノパイロキシナイト）（姫川：長野県小谷村）
全体が輝石（単斜輝石）からなりピカピカ光る

単斜輝岩の偏光顕微鏡像（直交ポーラー）
（姫川：長野県小谷村）
全体が単斜輝石からなる（変質が進んでいる）

単斜輝岩の偏光顕微鏡像（直交ポーラー）
（静岡県藤枝市）
全体が単斜輝石からなる（ほとんど変質していない）
かんらん石（蛇紋石に変質）を少量含む

閃長岩 せんちょうがん syenite

※街中ではよく見かける
レア度 ★★☆☆☆

大陸に特徴的な深成岩

閃長岩は、アルカリ長石を主体とする深成岩ですが(p.130)、このようなアルカリ成分に富む深成岩類は変動帯である日本列島にはほとんど産出せず、安定大陸と呼ばれる地域で、古生代や先カンブリア時代などの古い岩石として産出します。ただし、岩石は日本でもよく見ることができます。それは、石材として多量に輸入されているためです。墓石やビルの壁、家の表札などに使われる「黒みかげ」や「赤みかげ」と呼ばれる深成岩類は、北欧地域やインド、中国などから輸入されているものが多いですが、これらの多くがアルカリ長石を主体とする深成岩で、閃長岩の仲間です。河原や海岸の石ころとしては、今のところ見られません。

閃長岩を使った塀（千葉県船橋市）

閃長岩の特徴

- 大粒のアルカリ長石を主体とし、斜長石、有色鉱物（輝石、角閃石、黒雲母など）とともにモザイク状に組み合っている。石英は少ない。
- アルカリ長石は閃光を示す場合があり、大変美しい。

アルカリ長石はカリウムだけでなくナトリウムも含む長石なんだ(p.7)

閃長岩（ラルビカイト：石材名ブルーパール）
（ノルウェー産）
※ラルビカイト(larvikite)：ノルウェーのLarvikで産出する特徴的な閃長岩の岩石名

アルカリ長石の大粒の結晶

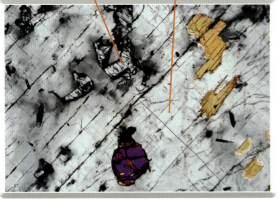

閃長岩（ラルビカイト）の偏光顕微鏡像（直交ポーラー）
（ノルウェー）

斜長石も含む
アルカリ長石の大粒の結晶

（下方ポーラーのみ）

黒雲母
単斜輝石

火成岩 深成岩

石英閃長岩（石材名：ニューインペリアルレッド）（インド産）

アルカリ長石の大粒の結晶

累帯構造(p.169)が顕著な斜長石を含む

累帯構造が顕著な斜長石

18mm

石英閃長岩を使用したモニュメントの台座
（千葉県千葉市：佐藤忠良作「緑の風」）

アルカリ長石の大粒の結晶

アルカリ長石花崗岩を使用した列柱（千葉県千葉市）

アルカリ長石花崗岩（石材名：G300）（中国産）

パーサイト組織(p.53)を示すアルカリ長石

2方向の細かい双晶(p.114)がほぼ直交した微斜長石構造も示す

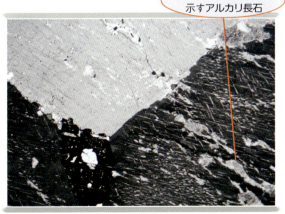

アルカリ長石花崗岩の偏光顕微鏡像（直交ポーラー）
（中国産）

（直交ポーラー：左の写真の位置からステージを少し回転した状態）

67

砕屑岩

岩石の大小のかけらが海底に堆積してできた岩石

他形の粒子

堆積岩の中で最も一般的な砕屑岩は、陸上の岩石が風化・浸食作用を受けて細かい粒子となり、洪水時に河川によって運ばれて海や湖に達したのち、海底や湖底に降り積もり、長い時間をかけて「**圧密**」を受け(=圧縮され)(**続成作用**)硬い岩石になったものです。つまり、砕屑岩は岩石の大小のかけらが集まってできたものです。それらの粒子は、河川で運ばれる過程で、お互いにぶつかり合って、磨耗したり割れたりします。そのため、粒子の形状は丸みを帯びたり、破片状になります。火成岩のような自形の結晶はあまり含まないといえます。

砕屑岩は主として構成する粒子のサイズによって細分されています。大きい方から、礫岩(2mm以上)、砂岩(2～1/16mm)、泥岩(1/16mm以下)です。それぞれの岩石は、サイズによってさらに細分される場合もあります(p.131)。

■ 砕屑岩のつくり

砂岩の偏光顕微鏡像(直交ポーラー)(千葉県銚子市愛宕山)
破片状の粒子の集合体からなり、全体的にあまり均質でない

(下方ポーラーのみ)
大きな粒子のすき間を、より細かい粒子(泥)が埋める。粒子間を、地下水から結晶した鉱物(方解石や石英など)が埋める場合もある

砂岩(荒川:埼玉県寄居町)
粒状の粒子が密集する。自形(長方形など)を示す鉱物はほとんど含まない

礫岩(最上川:山形県長井市)
礫岩は大粒の粒子(礫)からなるが、礫と礫の間は砂が埋める

砕屑岩のでき方

砕屑岩を構成する粒子（砕屑粒子）は、おもに洪水の時に川で運ばれ、海に達します。河口からはき出された砕屑粒子のうち、大きく重い粒子は河口の近くに、小さくて軽い粒子は沖合に運ばれます。しかし、それで終わりではありません。砂サイズの粒子は動きやすく、浅い海底にたまった砂は、地震などが引き金となって海底の土石流となり、より深い海底に運ばれ、最終的には海溝に達します（タービダイト）。なお、海溝より沖合には、砕屑粒子はほとんど届かず、火山灰やプランクトンの殻のみが堆積します。

洪水時の河川の様子（置賜野川：山形県長井市）[髙橋弘樹氏提供]

洪水後の河口付近の海の様子（千葉県富津市）

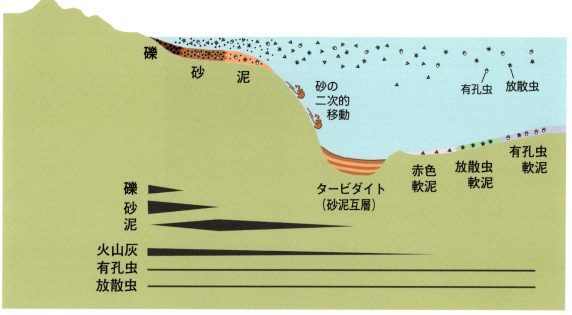

陸地からの距離と砕屑粒子の種類の関係

堆積岩　砕屑岩

砕屑岩

堆積岩はもともとは地層である

堆積岩、とくに砕屑岩は、礫や砂や泥が固まったものですが、これらはもともと礫や砂や泥からなる地層を構成していたものです。海底などで堆積した地層が、地殻変動によって隆起して山となり、さらに風化・浸食を受けて山から削り出されたわけです。

ですから、砕屑岩には地層のなごりが見える場合があります。粒子サイズの異なる層が重なる様子が見えたり(**層理**や**葉理**)、また、「**化石**」が含まれたりします。

なお、海底に堆積した礫・砂・泥が固まって石になるには、長い時間がかかります(続成作用)。そのため、あまり新しい時代の堆積岩というのは存在しません。マグマが噴出して固まった火山岩が、すぐに冷えて岩石になるのとは大違いです。

この二つの地層では、砂岩と泥岩の色が逆転しているよ。…なぜだろう？p.76を参考に考えてみてね！！

砂岩は比較的しっかりした岩石となっている

白い砂岩と黒い泥岩が交互に重なる地層。地殻変動により垂直に変形している

泥岩は細かく破砕されて、あまりしっかりした岩石ではない

砂岩泥岩互層
(静岡県川根本町:中生代白亜紀)

白い部分が泥岩で、黒い部分が砂岩

同じ砂岩泥岩互層でも、地層が新しいと硬い石にはなっていない

地層が岩石になるんだね！

砂岩泥岩互層
(千葉県大多喜町:新生代第四紀)

■ 地層の重なりが見える

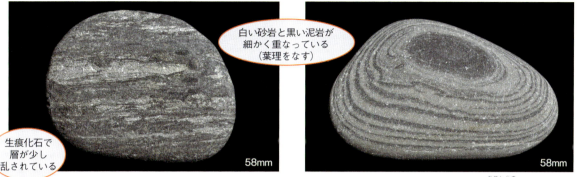

- 白い砂岩と黒い泥岩が細かく重なっている（葉理をなす）
- 生痕化石で層が少し乱されている

砂岩および泥岩（宮城県石巻市小竹浜） 58mm

砂岩および泥岩（新潟県糸魚川市親不知海岸） 58mm

■ 化石を含む場合がある

▼ 肉眼で見える

二枚貝の化石を多く含む

砂質泥岩（千葉県富津市上総湊海岸：新生代第四紀） 96mm

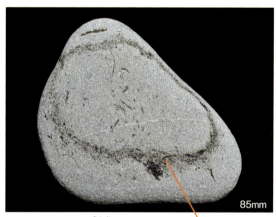

炭化した植物の化石を多く含む（それらが薄い層になっている）

砂岩（千葉県銚子市海鹿島：中生代白亜紀） 85mm

▼ 顕微鏡下で見える

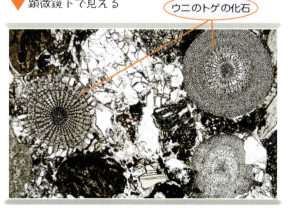

ウニのトゲの化石

ウニのトゲの化石（断面）を含む凝灰質砂岩の偏光顕微鏡像（下方ポーラーのみ）（静岡県下田市：新生代新第三紀）

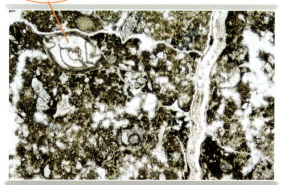

有孔虫化石

有孔虫化石を含む凝灰質砂岩の偏光顕微鏡像（下方ポーラーのみ）（東京海底谷）[海洋研究開発機構 提供]

礫岩 conglomerate

海浜や川原でできた堆積岩

　砕屑岩のうち、粒子サイズが2mm以上のものが礫岩です。ときにはサイズが1m以上の礫を含むものもあります。なお、大型の礫だけだと岩石として固まることはできませんので、礫と礫の間を砂などのより小さい粒子が埋めているのがふつうです。この部分を「**基質**（マトリックス）」といいます。

　礫岩の礫はさまざまな種類の岩石からなり、硬い岩石が多く見られます。遠くから運ばれた礫ほど、磨耗して丸みを帯びています。軟らかい岩石の礫は供給源がすぐ近くであることを物語っています。

　大型の礫は川で運ばれたのち、河口からあまり遠くない場所に堆積します。川原にそのまま堆積して岩石になる場合もあります。

礫岩の特徴

- いろいろな種類・サイズの大粒の礫が密集する。種類のそろい具合、サイズのそろい具合はさまざま。
- 礫は丸みを帯びていることが多い。角張っている場合もある（その場合は「**角礫岩**」と呼ばれる）。
- 礫と礫の間は砂や泥が埋めている（基質）。礫と基質の割合はさまざま。
- コンクリートと似ている（礫岩は基質に塩酸をかけても発泡しないので区別できる）。

礫岩（最上川：山形県長井市）

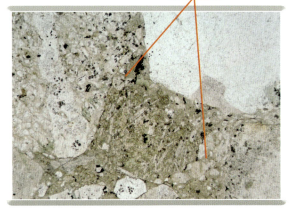

礫岩の偏光顕微鏡像（直交ポーラー）（最上川：山形県長井市）　（下方ポーラーのみ）

角張った礫を多く含む礫岩の巨大転石（富山県黒部峡谷）

※角張った礫は供給源から近い場所で堆積したことを物語る

礫岩（千葉県市原市：上総層群万田野層中の礫）

※角張った礫が多い

礫岩の露頭（千葉県富津市）
礫と礫の間（基質）は砂や泥が埋めている

やや角張った礫からなる礫岩（富士川：静岡県富士市）

礫岩そっくりのコンクリート製の堤防
（千葉県富津市）
礫と礫の間（基質）はセメントが埋めている
→塩酸をかけると泡が出る（p.83）

※礫岩と、人工物ではまったく違うものなのに、見かけはとても似ているね！
注意！

堆積岩　砕屑岩

73

砂岩 sandstone

レア度 ★☆☆☆☆

浅い海底でできる場合と深い海底でできる場合がある

砕屑岩のうち、粒子サイズが1/16mm以上2mm以下のものが砂岩です。一般に砂粒と砂粒の間を、より細かい泥が埋めています。砂粒を構成する粒子は、岩石のかけらの場合と、鉱物のかけらの場合があります。

岩石のかけらの場合は、構成する鉱物が細粒のものです（チャートや細粒の砂岩、泥岩、流紋岩など）。鉱物のかけらは、おもに花崗岩をつくっていた石英や長石の破片が多く見られます。

河口からはきだされた砂は、海岸からそれほど遠くない海底にたまります。そこでそのまま固まって砂岩になる場合もあります。しかし、砂は動きやすい性質があり、浅い海底に一旦たまったのち、地震などが引き金になって、土石流としてより深い海底まで運ばれ、深海底にたまる場合があります。このような堆積物を「**タービダイト**」といいます。これらは、一気に堆積する砂と時間をかけてゆっくり堆積する泥が重なることが多いです (p.70)。

砂岩の特徴

- 肉眼でも粒が密集していることが認識できるぐらいの粒子サイズである。粒子は一般に丸みを帯びているか、破片状であり、自形の鉱物はあまり含まれない。
- 色は白色～灰色で、酸化鉄により黄色や褐色を示す場合もある。
- 場所によってムラがある場合がある（均質でない）。粒子サイズの異なる層（葉理）が見える場合がある。
- 深海性の砂岩では、黒色の泥岩の破片が含まれる場合がある（土石流が取り込んだ偽礫）。

■ 浅海の砂岩

砂岩（千葉県銚子市犬吠埼）

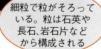
細粒で粒がそろっている。粒は石英や長石、岩石片などから構成される

砂岩の偏光顕微鏡像（直交ポーラー）（千葉県銚子市犬吠埼）

自形の粒子はほとんど含まない

海底の水の流れでできる斜交層理 (p.166) が観察される

浅海性砂岩の露頭（千葉県銚子市犬吠埼）

■ 深海底でタービダイトとして堆積した砂岩

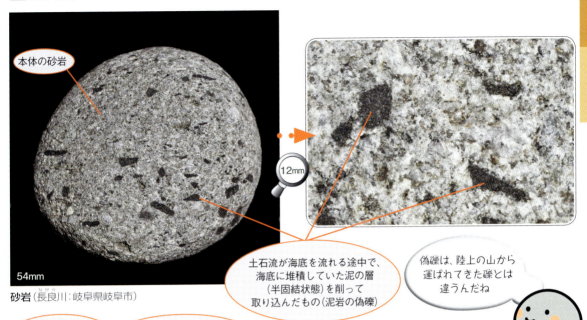

本体の砂岩

54mm

砂岩（長良川：岐阜県岐阜市）

土石流が海底を流れる途中で、海底に堆積していた泥の層（半固結状態）を削って取り込んだもの（泥岩の偽礫）

偽礫は、陸上の山から運ばれてきた礫とは違うんだね

粗粒で粒があまりそろっていない

周りの粒子の隙間に入り込んでいる泥岩偽礫

砂岩の偏光顕微鏡像（下方ポーラーのみ）
（千曲川：長野県小布施町）

深海性砂岩の露頭（泥岩と互層する）（静岡県川根本町）

■ 砂岩の顔つきもいろいろ

53mm

細粒で粒のそろった砂岩（天竜川：静岡県浜松市）

98mm

粗粒で粒があまりそろっていない砂岩（荒川：埼玉県寄居町）

75

泥岩 mudstone

深い海底や静かな湖でできた堆積岩

砕屑岩のうち、粒子サイズが1/16mm以下のものが泥岩です。さらに、サイズによってシルト岩（1/16～1/256mm）と粘土岩（1/256mm以下）に分けることもあります(p.131)。

泥岩を構成する粒子は一般には鉱物のかけらであり、石英や長石、雲母などの細かい破片のほか、いわゆる「粘土鉱物」が多く含まれるようになります（カオリナイト、モンモリロナイトなど）。これらの粘土鉱物は、岩石の風化作用によって、長石類や有色鉱物等が変質して生成したものです。

河口からはき出された泥は、海岸から遠く離れた海底に、時間をかけてゆっくりと堆積します。そのため、海底に生息する生物の化石が保存されることがあるほか、生物の活動の痕跡が残されたり（生痕化石）、プランクトンや海藻の死骸など有機物が多量に含まれます。それらの有機物は、炭化して岩石を黒くする働きも行います。

泥岩の特徴

- 肉眼やルーペでは粒子はほとんど見えない。
- 新しい時代の泥岩の色は灰色、ベージュ色、褐色など、古い時代の泥岩の色は黒色。
- 粒子サイズの異なる層（葉理）が見える場合がある。
- 化石を含む場合がある。

古い時代の泥岩

泥岩（荒川：埼玉県寄居町：中生代ジュラ紀）

泥岩の偏光顕微鏡像（直交ポーラー）
（荒川：埼玉県寄居町：中生代ジュラ紀）

（下方ポーラーのみ）

siliceous shale

珪質頁岩（けいしつけつがん）

堆積岩　砕屑岩

石英質の硬い頁岩（泥岩）

　石英質の硬い頁岩（泥岩）で、でき方には大きく2通りがあります。1つは、海底に泥が堆積する際に、同時に「珪藻（けいそう）」などの石英質の微生物の殻が多量に堆積することにより石英質となったもの〔「珪藻質泥岩（けいそうしつでいがん）」（いわゆる「珪藻土（けいそうど）」）などと呼ばれる軟らかいものもある〕で、もう1つは、海底火山の活動に伴う「熱水（ねっすい）」（温泉水のようなもの）の作用で熱水に含まれていた石英の成分が岩石のすき間を充填し、全体が石英質となったものです。東北地方を中心に、関東・中部地方など広い範囲で旧石器時代に石器としてよく使用された珪質頁岩は、後者の成因と考えられます。

珪質頁岩の特徴

- 肉眼やルーペで粒子はほとんど見えない。
- 硬質で緻密な岩石で、ハンマーで割ると、破断面に貝殻状断口ができる。
- 色はベージュ色や茶褐色である。

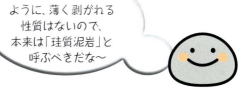

珪質頁岩には「頁岩」のように、薄く剥がれる性質はないので、本来は「珪質泥岩」と呼ぶべきだな〜

貝殻状断口が発達する

珪質頁岩（山形県小国町（おぐに））　　珪質頁岩（山形県小国町）

珪質頁岩の重なりからなる地層（山形県酒田市）

軽石質凝灰岩中に含まれる珪質頁岩（→）（秋田県大館市）

生物岩・化学岩

堆積岩

海底に降り積もるものは陸源性砕屑物だけではない

　堆積岩のうちの砕屑岩は、陸地を構成していた岩石を起源とする礫・砂・泥などが海底に降り積もり、固結してできた岩石でしたが、海底に降り積もるのは何もこれらの陸源性砕屑物だけではありません。それ以外の代表的なものが、生物の遺骸です。とくに石灰質の殻や骨格をもった生物の遺骸が大量に降り積もると、石灰質の岩石「**石灰岩**」が形成されます。そのような場所の代表がサンゴ礁です。

　また、海中には膨大な数の、微小な殻をもつプランクトンが生息しており、それらが死ぬとその殻が海底に降り積もります。実は砂岩や泥岩の中にも、それらは少量含まれています。河口から遠い遠洋域では、陸上からの砕屑物がほとんど届かず、このようなプランクトンの殻だけが堆積する場合があり、それらが長い時間を経て固結した岩石になります。石灰質の殻（**有孔虫**、石灰質ナノ化石など）が堆積してできたものが遠洋性の石灰岩で、珪質の殻（**放散虫**）が堆積してできたものが「**チャート**」です。

　一方、海水中からある成分が化学的に析出・沈殿して形成される岩石が「**化学岩（化学的堆積岩）**」と呼ばれるもので、岩塩（塩化ナトリウム）が例として挙げられます。

生物の遺骸が海底に堆積してできた岩石が「生物岩」、海水中のある成分が化学的に沈殿してできたのが「化学岩」だよ！

火山島とそれを取り巻くサンゴ礁
（フランス領タヒチ ボラボラ島）
[©PIXTA]

サンゴ礁（沖縄県宮古島）[©photolibrary]

95mm

サンゴ化石を含む石灰岩
（沖縄県北大東島）

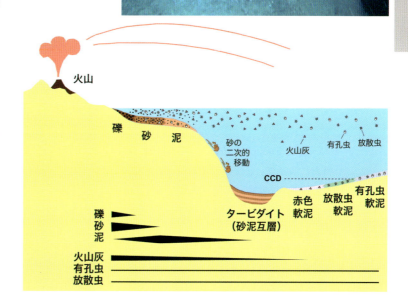

海底にふりそそぐ
プランクトンの死骸
(マリンスノー)
(千葉県野島崎沖)
[海洋研究開発機構提供]

チャートの形成場所は遠洋の深海底

海溝より沖合には、陸源性の砕屑粒子はほとんど届かず、火山灰やプランクトンの殻のみが堆積します。ただし、CCD（炭酸カルシウム補償深度：太平洋では水深4,500m程度）以深では、海水の炭酸カルシウム濃度が低いために、それを補填しようとして石灰質の殻は溶けてしまい、堆積することができません。そこでは、放散虫などの珪質の殻のみが堆積でき、それが、やがてチャートとなるのです。

現生の有孔虫 [海洋研究開発機構 木元克典氏提供]

有孔虫の殻の電子顕微鏡写真 [海洋研究開発機構 木元克典氏提供]

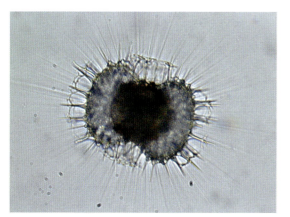

現生の放散虫 [松岡 篤氏提供]

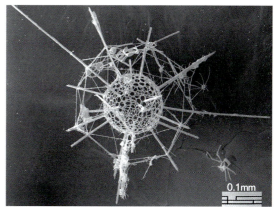

放散虫の殻の電子顕微鏡写真 [松岡 篤氏提供]

石灰岩 limestone

生物の遺骸でできた岩石

石灰質の殻や骨格をもつ生物の遺骸が堆積してできた岩石で、そのような生物遺骸（いわゆる化石）が肉眼やルーペで見える場合があります（フズリナやウミユリなど）。しかし、岩石が圧密を受けて再結晶し、生物遺骸の組織が失われ、全体が均質な細粒の方解石の集合体となっている場合も多く見られます。

日本の石灰岩の多くは、古生代の石炭紀からペルム紀に熱帯の火山島の周囲に発達したサンゴ礁（浅い海）で形成されました。それらが火山島とともにプレートに載って移動し、海溝で沈み込む際に火山島本体の玄武岩と共に日本列島に「付加」されたと考えられています(p.4)。

なお、もともと細粒のプランクトンの殻が堆積してできた、きめの細かい石灰岩も存在します（遠洋性・深海性の石灰岩）。

石灰岩がつくるカルスト地形（高知県津野町）

石灰岩の特徴

- フズリナやウミユリの化石を含む場合があるが、多くは肉眼であまり粒子が見えない。
- 色は淡い灰色～灰色。
- カッターで傷がつくほか、塩酸をかけると泡（炭酸ガス）が出る。

色は白色～淡い灰色

石灰岩（荒川：埼玉県寄居町）

全体的に細粒の方解石結晶からできている。生物遺骸は見られない（ある程度再結晶している）

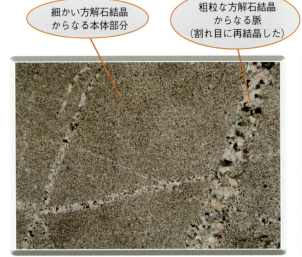

細かい方解石結晶からなる本体部分

粗粒な方解石結晶からなる脈（割れ目に再結晶した）

石灰岩の偏光顕微鏡像（直交ポーラー）
（荒川：埼玉県寄居町）

（下方ポーラーのみ）

堆積岩 生物岩

フズリナ石灰岩（栃木県佐野市：古生代ペルム紀）

古生代の代表的示準化石のフズリナ（大型有孔虫）の化石を多く含む

フズリナ石灰岩（栃木県佐野市：古生代ペルム紀）

ラグビーボールのような形をしたフズリナ

断面の切り方によって、円形になったり、細長い楕円形になったりする

フズリナ化石の顕微鏡像（千葉県銚子市：古生代ペルム紀）
［坂上澄夫氏提供］

石灰岩はセメントの材料なので、大規模に採掘されベルトコンベアーで運び出されている（山口県美祢市）

■ 石灰岩は鑑定しやすい

　石灰岩を構成する方解石は、炭酸カルシウム（$CaCO_3$）でできているため、薄い塩酸をかけると炭酸ガス（CO_2）の泡を出して溶けます（下左）。また、方解石は硬度3の軟らかい鉱物であることから、カッターナイフ（硬度6程度）などで簡単に傷がつきます（下右）。同じ白っぽい岩石でも、石英質の岩石は硬度7であるため、カッターナイフでは傷がつきません。

塩酸で泡が出る石灰岩

カッターナイフで傷がつく石灰岩

堆積岩 / 生物岩

チャート chert

石英質の硬い岩石

　細粒の石英の集合体からなる岩石で、ふつうに見られる石ころのなかでは最も硬い岩石です。河川に流されて運ばれる中で、その硬さのために最後まで削られずに残りやすいことから、現在の川原の石ころや、地層中の礫岩層の礫の中でも最も多く見られる岩石種となっています。

　チャートは、もともと石英質の殻をもつプランクトン（放散虫）の殻が遠洋の海底に降り積もり、長い年月をかけて岩石になったものといわれています。それらは太平洋のような遠洋域で堆積したのち、海洋プレートに載って移動し、日本列島前面の海溝で地球内部に沈み込む際に、はぎ取られて日本列島に「付加」したものと考えられています。

チャートの特徴

- かなり硬くて、透明感がある。カッターでは傷がつかない。
- 色は淡灰色、濃灰色、赤色、緑色、褐色などさまざま。
- 内部に縦横に走る黒いすじが見えることがよくある。
- 爪を立てたような小さい円弧状の傷でまんべんなく覆われている場合がある（**パーカッションマーク**）。

パーカッション（percussion）とは、英語で、'衝突'とか'衝撃'という意味です

非常に硬くてやや透明感がある（水に濡らすとよくわかる）

黒いすじが縦横に走る（一種の割れ目）

チャート（灰色）（千曲川：長野県小布施町） 45mm

チャート（赤色）（木曽川：岐阜県笠松町）
含まれる鉄分が酸化しているため赤い 43mm

チャート（暗灰色）
（千葉県富津市：上総層群長浜層中の礫） 53mm

チャート（褐色）
（千葉県富津市：上総層群長浜層中の礫） 58mm

チャート（緑色）（揖斐川：岐阜県大野町）
緑色は火山灰が混じるため 24mm

川を流される間に他の石が何度もぶつかったことによるひびわれの跡（パーカッションマーク）がよく見られる

18mm

チャート（灰色）
（千葉県君津市：上総層群万田野層中の礫）

●赤色チャートと間違えやすい石

赤色チャートによく似た岩石に赤色泥岩がある。チャートよりも大陸に近い海底でできたと考えられている(p.81)。

49mm

チャートよりも陸に近い海域で形成された赤色泥岩
（千曲川：長野県小布施町）

細粒の石英結晶からなる本体部分

粗粒の石英結晶からなる脈（割れ目で再結晶した部分）

チャートの偏光顕微鏡像（直交ポーラー）
（千曲川：長野県小布施町）

赤色泥岩は放散虫化石（暗色の球形の粒子）を確認しやすい

4mm

堆積岩　生物岩

チャートの露頭（木曽川：岐阜県各務原市）
チャートは露頭では層状をなし、堆積岩（地層）であることがわかる。同じ露頭でも、赤色の部分と緑灰色、暗灰色の部分が存在する（含まれる鉄分の酸化状態の違いを反映しているといわれている）

火山砕屑岩
かざんさいせつがん

マグマが破片となって
降り積もって
できた岩石！

火成岩と堆積岩の両方の性質をもつ岩石

　火山砕屑岩は、岩石のでき方としては堆積岩に似ていますが、構成する物質の多くが火山から噴出したものであることから、火成岩（火山岩）と堆積岩の両方の性質をもつ岩石といえます。

　火山岩的な特徴としては、火山岩の特徴である斑晶を含むことがよくあります。色なども火山岩に似ています。堆積岩的な特徴としては、破片状の粒子を含むこと、不均質な場合が多いことなどが挙げられます。

　火山砕屑岩は、噴出した火山の化学的性質、噴火の仕方、堆積の仕方、火山からの距離などの違いによって、実にさまざまな顔つきのものができます。軟らかいものもあれば、硬く固結したものもあり、硬いものは火山岩との見分けが難しいこともよくあります。

火山砕屑物の分類－サイズと構造

　火山砕屑岩を構成する粒子を「**火山砕屑物**」といいます。主としてサイズで分類されますが、特定な構造をもつもの（とくに液体のマグマの破片が固結したもの）は、特別の名前がつけられています。特定の構造をもたない粒子では、火山礫や火山岩塊は火山岩などの岩石片からなりますが、火山灰では、細粒の岩石片のほか、鉱物結晶や火山ガラスなどから構成されます。

粒子の直径	火山砕屑物の名称		
	粒子が特定の外形や内部構造をもたないもの	粒子が特定の外形（構造）をもつもの	粒子が多孔質のもの
>64mm	火山岩塊 (volcanic) block	火山弾　volcanic bomb 溶岩餅　driblet	軽石　pumice スコリア　scoria
64〜2mm	火山礫　lapilli	スパター*1　spatter	
<2mm	火山灰　(volcanic) ash	ペレーの毛*2　Pele's hair ペレーの涙*3　Pele's tear	

＊１：マグマのしぶきの破片で、火山弾のように形は整っていない。
＊２：マグマが繊維状に固まり、ガラス質の毛のようになったもの。火山毛。
＊３：マグマが水滴のような形に固まったガラス粒。'ペレー' とはハワイの火山の女神のこと。

火山弾（オーストラリア）　250mm

ペレーの毛（ハワイ島キラウエア火山）　P72mm

火山ガラス
（バブルウォール型）
(p.167)

ガラス質火山灰（千葉県茂原市：上総層群笠森層）　P2mm

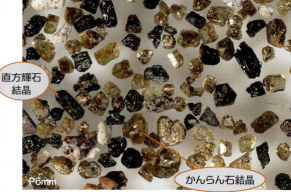

直方輝石
結晶

かんらん石結晶

結晶質火山灰（千葉県千葉市：立川ローム層）　P6mm

火山砕屑物の量比による火山砕屑岩の分類

前項で、火山砕屑物はサイズによって火山岩塊・火山礫・火山灰の3つに分類されると示しましたが、それらの含有率によって火山砕屑岩を分類・命名する方法が提唱されています（下図）。たとえば、凝灰角礫岩は火山礫凝灰岩よりもサイズの大きい粒子（火山岩塊）が多くなります。また、火山角礫岩は凝灰角礫岩よりも細粒の粒子が少ない、すなわち、基質（マトリックス）が少ないといえます。

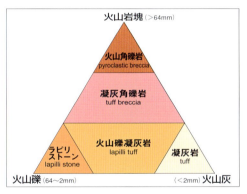

[Fisher, 1966による]

●火山砕屑岩に含まれる粒子の起源

火山から放出されるものは、その噴火に直接かかわったマグマ起源の物質だけではありません。地下にあったその火山の過去の噴出物や、その火山とは直接関係のない火山の土台をなす岩石などの破片も吹き飛ばれる場合がよくあります。火山砕屑岩にはそれらがさまざまな割合で混じっています。

- **本質放出物（岩片）**（essential ejecta）
  その噴火を起こしたマグマ起源の噴出物
- **類質放出物（岩片）**（accessory ejecta）
  同じ火山の過去の噴火の噴出物
- **異質放出物（岩片）**（accidental ejecta）
  火山の土台をなす基盤岩の破片（火山岩でない場合も多い）

火山礫凝灰岩（千葉県富津市）

いろいろな火山噴出物とつくられる岩石

火山砕屑物の分布は、火山の火口からの距離と関係があります。火口から離れるほど、堆積する粒子は細粒になり、火口の周辺には、火山弾やスパターなど、マグマの状態で火口から噴出した岩塊が多く見られます。

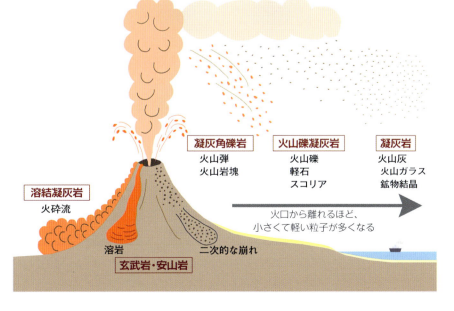

凝灰岩 tuff

構成する粒子の種類やサイズによって、凝灰岩の顔つきはさまざまだね！

細かい火山灰が堆積して固まった岩石

凝灰岩は、火山砕屑物の中でも最も細かい（2mm以下）「火山灰」が堆積・固結してできた岩石です。火山灰を構成する粒子は、おもに鉱物の結晶と火山ガラスです。このうち、火山ガラスは岩石になる過程で変質して粘土鉱物や沸石(p.168)に変わる場合があります。

また、細かい火山灰だけではなく、やや大粒の鉱物結晶や軽石、スコリア、火山岩片などが含まれることもよくあります。大粒の鉱物結晶を多く含む凝灰岩は、斑状の火山岩と区別がつきにくい場合がありますが、破片状の粒子が含まれていれば、火山岩ではなく凝灰岩（堆積性）であることがわかります。

凝灰岩の特徴

- 割合に軟らかい。ただし、溶結作用(p.92)や、熱水変質作用(p.79)などを受けて、硬質あるいは珪質になっている場合もある。
- 色は白っぽいものが多く、淡い緑色・ピンク色・紫色などもある。スコリア主体のものは黒い。
- 斑晶のような大粒の鉱物結晶を含む場合がある。ただし、含まれ方が不均質であることも多い。
- 破片状の粒子（鉱物片や岩石片）を含む場合がある。
- 層（葉理・層理）をなしている場合がある。

凝灰岩（千葉県鋸南町竜島海岸）
細かい火山ガラスの集合体である白色の細粒凝灰岩

結晶質軽石質凝灰岩（小糸川：千葉県君津市）
やや大粒の白い軽石を多く含む

結晶質凝灰岩（小糸川：千葉県君津市）
いわゆる'ゴマ塩状'凝灰岩

結晶質スコリア質凝灰岩（千葉県勝浦市鵜原海岸）
重力による分別作用で形成された級化構造（下の粒子ほどサイズが大きく、上に向かって徐々に小さくなる）が発達する

火山砕屑岩

凝灰岩（流紋岩質）（千葉県君津市：上総層群万田野層中の礫）
見かけは流紋岩そっくりだが、右の写真のように破片状の粒子を含むことで、凝灰岩であることがわかる

斜長石（斑晶）自形の結晶も存在する

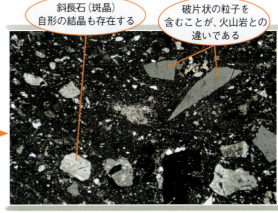

凝灰岩（流紋岩質）の偏光顕微鏡像（直交ポーラー）
（千葉県君津市：上総層群万田野層中の礫）
基質は細かい火山灰からなる

斜長石（斑晶）自形の結晶も存在する

破片状の粒子を含むことが、火山岩との違いである

火山豆石（かざんまめいし）を含むガラス質凝灰岩（小糸川：千葉県君津市）
火山豆石はマグマ―水蒸気爆発の際につくられる

火山豆石：核となる粒子を中心に同心円構造を示す楕円形の物質

火炎構造を示す白色ガラス質凝灰岩層の露頭
（千葉県鋸南町勝山（かつやま））

● 凝灰質砂岩

　火山砕屑物が海底に降り積もったのち、海流などの影響で海底を二次的に移動すると、噴出年代の異なる火山砕屑物が混合したり、陸源性の砕屑物（石英や長石など）が混入したりします。このように純粋な火山噴火の産物ではなく、二次的に堆積した火山砕屑物主体の堆積岩を「**凝灰質砂岩**」、「**凝灰質泥岩**」などと呼びます。

凝灰質砂岩（千葉県鋸南町竜島海岸）

凝灰質砂岩の偏光顕微鏡像（下方ポーラーのみ）
（千葉県富津市鋸山（のこぎりやま））

円磨された火山岩粒子

火山砕屑岩

火山礫凝灰岩 lapilli tuff
（かざんれきぎょうかいがん）

大粒の火山砕屑物が堆積してできた岩石

　火山灰よりも粒の粗い「**火山礫**」（2〜64mm）が堆積・固結してできた岩石です。火山灰が、おもに鉱物の結晶や火山ガラスからなるのに対して、火山礫は、「**軽石**」や「**スコリア（黒色の軽石）**」、火山岩片などから構成されます。ただし、それらの間を細かい火山灰が埋めています。

　粗粒なので、火山の比較的近くでつくられるといえますが、「**火砕流**」や火山噴火に伴う土石流などにより、火口からかなり離れた場所にまで分布する場合もあります。本質岩片のほかに、類質岩片や異質岩片を含む場合もよく見られます。

火山礫凝灰岩の特徴

- 砕屑岩の礫岩と似ているが、火山礫凝灰岩の礫は火山岩類を主体とし、また、礫を埋める基質も凝灰質（火山灰など）である（砕屑岩のような石英・長石質の砂ではない）。
- 色は緑色がかったり、赤色がかったりすることが多い。
- 火山とはあまり関係のない岩石が礫として含まれることがある（火山の土台の岩石：異質岩片）。

本質岩片、類質岩片、異質岩片については、p.87を参照してね

火山礫凝灰岩（酒匂川：神奈川県小田原市）
大粒の火山岩片を含んでいる（本質または類質岩片）

火山岩片 暗赤色

火山礫凝灰岩の偏光顕微鏡像（直交ポーラー）
（酒匂川：神奈川県小田原市）

斜長石の結晶

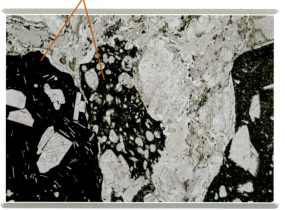

（下方ポーラーのみ）

黒い部分は大粒の火山岩片

火山砕屑岩

火山礫凝灰岩(鬼怒川:栃木県小山市)
黒色泥岩片(異質岩片)を多く含んでいる。大粒の石英斑晶を多く含み、火山性の堆積物であることがわかる

火山礫凝灰岩の偏光顕微鏡像(直交ポーラー)
(鬼怒川:栃木県小山市)

(下方ポーラーのみ)

火山礫凝灰岩の露頭(千葉県富津市)
大粒の軽石やスコリア、火山岩片からなる

大型の火山岩礫を多量に含む凝灰角礫岩の露頭
(静岡県下田市)

溶結凝灰岩 welded tuff

火山砕屑岩

レア度

高温の状態で堆積し硬くなった凝灰岩
－大規模なカルデラ噴火と関連－

　爆発的な火山噴火によって放出された火砕流によってできる凝灰岩は、まだ高温のうちに堆積することで、構成粒子が熱によって癒着したり、大量の噴出物のため圧密を受けたりして、硬くしまったものとなります。これを「溶結凝灰岩」と呼びます。溶結凝灰岩をつくるような火砕流を噴出した噴火は、超巨大な噴火だったことが想定されます。そのような巨大噴火では、マグマだまりが空になるために、噴火後に陥没し、「カルデラ」とよばれる大きな凹みをつくります。カルデラ噴火としては、九州の阿蘇山や姶良カルデラ（鹿児島湾）が有名で、阿蘇の噴火では火砕流堆積物（溶結凝灰岩）が高千穂峡（p.144）などをつくり、姶良カルデラから噴出した火砕流は有名なシラス台地をつくっています。また、新第三紀後半に東北地方でも火砕流が多量に噴出しているほか、中部地方に広く分布する中生代白亜紀の「濃飛流紋岩」も多くは溶結凝灰岩です。

溶結凝灰岩（木曽川：岐阜県笠松町）

溶結凝灰岩の特徴

- 大粒の軽石が押しつぶされてレンズ状を示すことが多く、また、その軽石が黒曜岩（p.44）となっている場合がある。
- 硬くしまっていることで、火山岩であるデイサイトや流紋岩と区別が難しい場合があるが、レンズ状軽石や破片状の粒子（類質～異質岩片）の存在などが判断の決め手になる。
- 一般にデイサイト～流紋岩質で、石英斑晶を含むことが多い。
- 色は淡灰色、淡紫色、淡赤色など。

岩石の向きによって見え方が違うので注意が必要だよ

溶結凝灰岩（岩戸川：宮崎県高千穂町）

火山砕屑岩

溶結凝灰岩（白河石）の偏光顕微鏡像（直交ポーラー）
（福島県西郷村）
黒曜岩レンズはガラス質であり、直交ポーラーでは暗黒になる。基質も細粒ガラス質になっている（直交ポーラーで暗黒）

（下方ポーラーのみ）　黒曜岩レンズ　基質

溶結凝灰岩（白河石）の露頭（福島県西郷村）
岩体の冷却にともなう収縮によって、「柱状節理」が形成される場合がよく見られる。火山岩の産状と類似する

レンズ状軽石

溶結凝灰岩（芦野石）の石材（千葉県千葉市）

チェーンソーで切断できる程度の軟らかさをもつ一方、墓石やブロック用の石材として使用できる程度の硬さも合わせもつ

溶結凝灰岩（白河石）の採石場（福島県白河市（株）白井石材）

火山砕屑岩

緑色凝灰岩 green tuff
りょくしょくぎょうかいがん

レア度

海底火山の活動によって変質した凝灰岩 －日本海の拡大と関連？－

　海底に噴出した凝灰岩が、海底火山活動に伴う「熱水」（温泉水のようなもの）の作用によって変質し、緑色を呈するようになったものです。凝灰岩に含まれる火山ガラスや有色鉱物が緑泥石などの緑色の鉱物に変質することで、岩石全体が緑色を帯びるようになります。首都圏などで石材としてよく使われている栃木県産の「大谷石」が代表で、おもに日本海側に分布する新生代新第三紀の海底火山噴出物に多く見られます。

　緑色凝灰岩がよくつくられた新生代新第三紀は、日本列島の歴史の中で大きな転換点となった時期です。それまではアジア大陸のへりに位置していた日本が、大陸から切り離されて「島弧」となり、間に日本海（の海底）が形成されたのです（約1,600万年前）。この日本海拡大の直後に起こったのが大規模な流紋岩質の海底火山活動で、この緑色凝灰岩のほか、日本の代表的な鉱床である「黒鉱鉱床」などがつくられています。

黒鉱とは、日本特産の鉱石で、英語でもkurokoというよ。銅や亜鉛、鉛その他の原料になるんだ (p.133)

全体が風化によって緑色が薄れている

大粒の繊維状軽石が風化して抜けた跡（"みそ"と呼ばれる）

73mm

緑色凝灰岩（軽石質）（大谷石）（栃木県宇都宮市大谷町）

21mm　軽石

ガラス質の破片が多いので直交ポーラーでは全体的に暗くなる

石英

緑色凝灰岩（大谷石）の偏光顕微鏡像（直交ポーラー）
（栃木県宇都宮市大谷町）

軽石　石英

（下方ポーラーのみ）

火山砕屑岩

大谷石の露天掘りの石切場（栃木県宇都宮市大谷町（有）高橋佑知商店）

切り出してからやや時間がたったため変色した大谷石

切り出したばかりの大谷石は青緑色を示す

緑色凝灰岩の特徴

- 新鮮な部分は青緑色を示すが、風化すると緑色はしだいに薄れ、白色や淡い黄色を呈する場合もある。
- 一般にそれほど硬くない。ただし、熱水に含まれる石英の成分の作用により、岩石全体が珪質になっている場合もある。
- 大粒の軽石を含む場合がある（基質よりも濃い緑色を示す場合が多い）。

大谷石（軽石質緑色凝灰岩）の塀（千葉県習志野市）

P800mm

大粒の軽石が変質して濃緑色になっている

■ 細粒の粒子からなる緑色凝灰岩も存在する

緑色凝灰岩（細粒）（久慈川：茨城県常陸太田市）

142mm

緑色凝灰岩（細粒）の露頭（兵庫県豊岡市竹野町）

広域変成岩

高い圧力を受けてできた変成岩！

変成岩とは？

変成岩とは、一旦できた岩石が、その後に固体のまま温度や圧力の高い状態に置かれ、構成鉱物の再構成が起きて新たに形成された岩石です。温度が上がり過ぎて溶けてしまうと、マグマとなり火成岩ができるので、溶けるまでには至らない温度ということになります。温度や圧力の程度と、元の岩石の種類によって、さまざまな変成岩ができますが、一般には広い地域に渡り圧力がとくに高い状態に置かれる場合と、局所的に温度がとくに高い状態に置かれる場合の2つのケースが多く見られ、前者は「**広域変成岩**」、後者は「**接触変成岩**」と呼ばれています。

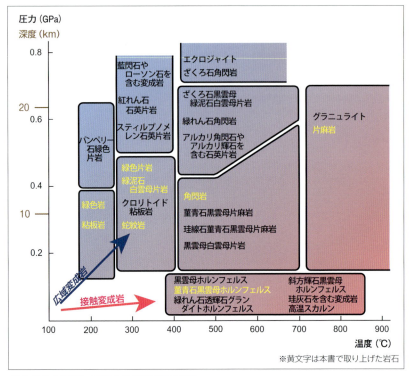

さまざまな温度・圧力と生成する変成岩
[『日本の変成岩』(橋本光男／著、岩波書店／発行) p.6の図をもとに一部改変]

高い圧力を受けてできた広域変成岩ー「片理」と「縞状構造」

変成岩の中でも、とくに高い圧力を受けて形成される岩石を動力変成岩あるいは広域変成岩と呼びます。広域変成岩の特徴は、高い圧力を受けることから、平べったいかたちの鉱物（**変成鉱物**）が多量に生成されることです。白雲母や黒雲母、緑泥石、角閃石などが大量にできるため、光を反射してきらきら光るのが特徴です。また、これらが平行に配列することで、この面に沿って割れやすい性質をもちます（**片理**）。さらに、同じ鉱物が集まって層をつくる傾向があり、複数種類の鉱物からなる細かい層の重なりが生じる場合があります（**縞状構造**）。また、細かい褶曲が見られる場合もあります。

広域変成岩の成因

広域変成岩類の成因としては、現在、①大陸内部で広域に変成を受けたもの、②プレートの沈み込みによって海溝付近で形成された地層（**付加体**）が、沈み込みに伴って地下深くまでもち込まれ、そこで高い圧力により変成作用を受けたもの(p.4)、の2つがあると考えられています。

沈み込み帯深部でできる広域変成岩類としてよく見られるのは、付加体を構成していた砂岩、泥岩、チャート、玄武岩、石灰岩などが元になってできた岩石で、それぞれ、砂質片岩、泥質片岩、石英片岩、緑色片岩、石灰質片岩となります。

このようなプレートの沈み込みに伴う変成岩の形成は、プレートの沈み込み帯である海溝に沿って帯状に広い範囲で起こることから、広域変成岩と呼ばれるのです。

石ころの削られかたで見かけがずいぶん変わるんだね！

変成岩 広域変成岩

横から見ると平行なすじ（片理または縞状構造）が発達する

116mm

片理を切るように割れた結晶片岩（砂質片岩）の石ころ
（鮎川：群馬県高崎市）

83mm

微褶曲の発達した結晶片岩（鮎川：群馬県高崎市）

きらきらした鉱物（白雲母、緑泥石など）が目立つ

ルーペで拡大してみると…

16mm

83mm

片理に沿うように割れた結晶片岩（砂質片岩）の石ころ
（鮎川：群馬県高崎市）

結晶片岩（白雲母緑泥石片岩）の偏光顕微鏡像（直交ポーラー）（三波川：群馬県藤岡市）

雲母のような平べったい鉱物が多く生成することで片理が発達する

（下方ポーラーのみ）

97

変成岩
広域変成岩

結晶片岩 crystalline schist

高い圧力を受けてできた広域変成岩の代表的な岩石

　高い圧力を受けてできた広域変成岩には、薄くはがれやすい「**片理**」や複数の鉱物が薄く交互に重なる「**縞状構造**」が発達します。このような性質が顕著に表れた広域変成岩を、おおまかに「**結晶片岩**」と呼びます。

　結晶片岩は元の原岩の違いにより生成する鉱物（変成鉱物）も異なります。結晶片岩を構成する鉱物種が認定できる場合は、頭に鉱物名をつけて、「緑泥石片岩」、「緑れん石片岩」、「黒雲母片岩」、「白雲母片岩」など、より詳細な岩石名をつけることが可能です。

　鉱物種が認定できない場合、岩石の色合いや組織で分類する場合もあります。「黒色片岩」、「緑色片岩」、「点紋片岩」などがその例です。また、原岩を強調したい場合は、「砂質片岩」（砂岩起源）、「泥質片岩」（泥岩起源）、「苦鉄質（塩基性）片岩」（玄武岩または玄武岩質凝灰岩起源）などと呼ぶ場合もあります。

結晶片岩の特徴

- きらきら光る鉱物（白雲母、黒雲母、緑泥石など）が全体に生じている。
- 薄くはがれる性質をもつ（片理）。
- 異なる鉱物からなる薄い層が交互に重なる場合もある（縞状構造）。
- 色は灰色（銀色）、（光沢のある）緑色、（光沢のある）赤色など。

結晶片岩（緑色片岩）（荒川：埼玉県寄居町）
凝灰質の堆積岩を原岩とする

結晶片岩（緑色片岩）の偏光顕微鏡像（直交ポーラー）
（荒川：埼玉県寄居町）

（下方ポーラーのみ）

変成岩 / 広域変成岩

結晶片岩（紅れん石片岩）（荒川：埼玉県寄居町）
マンガン(Mn)を多く含む岩石に出現する

ピンク色の紅れん石が全体にわたって生成している
紅れん石
58mm

結晶片岩（点紋片岩）（荒川：埼玉県寄居町）

大粒の曹長石（斜長石の一種）の結晶が成長して斑点状に見える
曹長石
78mm

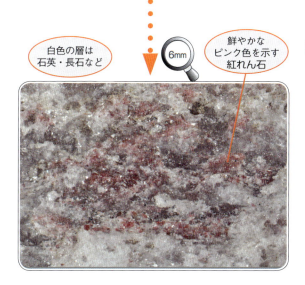

6mm
白色の層は石英・長石など
鮮やかなピンク色を示す紅れん石

14mm
大粒の曹長石は黒っぽく見える
薄い層状の白雲母や緑泥石が密集した層

結晶片岩でできた秩父長瀞の石畳（荒川：埼玉県長瀞町）

石畳を横から見ると薄い層がいくつも重なっている様子がわかる

粘板岩（スレート）・千枚岩
slate ・ phyllite

泥岩が圧力を受けて薄く割れやすくなった岩石

　海底に堆積した泥は続成作用(p.68)を経て固結した泥岩となりますが、それらが強い圧力を受けると、圧密を受けて、粒子が平行に配列したり、緑泥石や雲母などの平べったい鉱物が生成されるようになり、層状に薄く割れやすくなります。このような割れ目を「スレート劈開」といい、スレート劈開が発達した岩石を「粘板岩（スレート）」といいます。さらに圧密が進むと、雲母類（白雲母や緑泥石）が成長し、岩石の表面がきらきらと絹のような光沢を帯びてきます。このような状態のものを「千枚岩」と呼びます。変成鉱物が大きく成長した結晶片岩に比べて、縞々が細かいのが特徴です。

粘板岩・千枚岩の特徴

● 粘板岩は黒色〜灰色で泥岩によく似ており、やや光沢があるが粒子は肉眼ではほとんど見えない。薄くはがれる性質がある。

● 千枚岩はきらきらした絹光沢のある灰色（銀色）を示す。粒子は肉眼で見えるほどではない（前頁の結晶片岩よりもだいぶ細かい）。薄くはがれる性質がある。

粘板岩（スレート）（宮城県石巻市雄勝町）

粘板岩（スレート）の露頭（宮城県石巻市雄勝町）

粘板岩（スレート）の偏光顕微鏡像（直交ポーラー）
（宮城県石巻市雄勝町）

（下方ポーラーのみ）

千枚岩（南牧川：群馬県南牧村）

千枚岩の偏光顕微鏡像（直交ポーラー）
（南牧川：群馬県南牧村）

■ 屋根材などに使用

　粘板岩は薄くはがれる性質があることから、屋根瓦の代わりによく使われます。よく「スレート葺き」の屋根と呼ばれるもので、有名なのは、JR東京駅の屋根です。また、それほど薄く剥がれない部分は（泥岩に近い）、硯や碁石（黒）などの材料としても用いられます。

スレート葺きの屋根（宮城県石巻市北上町）

屋根材として使用された粘板岩（スレート）
（宮城県女川町）

硯の製作工程と粘板岩で作られた硯（宮城県石巻市雄勝町　エンドーすずり館）

変成岩
広域変成岩

片麻岩 gneiss

レア度 ★★★☆☆

非常に高い圧力と温度でできた広域変成岩

　砂岩や泥岩が結晶片岩よりもさらに高い圧力を受けてできた広域変成岩で、縞状構造は示すものの、薄くはがれる性質（片理）はなくなり、硬く固結したものとなります。構成鉱物としては黒雲母が目立ち、粒子サイズも結晶片岩より大きくなる傾向があります。一般に、石英・長石からなる白色の層と、黒雲母などの有色鉱物からなる黒っぽい層が繰り返し重なる構造が現れます。これを「**片麻状組織（gneissosity）**」といいます。**褶曲**(p.21)のような流動的な変形を示す場合もあります。

　片麻岩は大陸地域によく産出し、日本列島では、古い時代の大陸の断片と考えられている飛騨地域などで見られます。

片麻岩の特徴

● 粗粒の有色鉱物（黒雲母主体）と無色鉱物（石英や長石）から構成され、花崗岩類と似ている。
● 有色鉱物と無色鉱物が縞状構造をつくることが多く、それらは癒着していて結晶片岩の片理のようにはがれることはあまりない。

縞状構造を示すが、片理は示さない

84mm

片麻岩（天竜川：静岡県浜松市）

13mm

黒雲母が層状に密集する

花崗岩と似ているけれど、でき方は全く違うんだ

全体的に粗粒

片麻岩の偏光顕微鏡像（直交ポーラー）
（天竜川：静岡県浜松市）

黒雲母が多量に生成し直線状に配列

（下方ポーラーのみ）

変成岩 / 広域変成岩

眼球状片麻岩（神通川：富山県富山市）

ざくろ石片麻岩（南極大陸昭和基地周辺）
一部に直方輝石が含まれ、グラニュライト(p.4)に近い

片麻岩の露頭
（南極大陸：セール・ロンダーネ山地）
[石川正弘氏提供]

ざくろ石片麻岩の偏光顕微鏡像（直交ポーラー）
（南極大陸昭和基地周辺）

（下方ポーラーのみ）

103

変成岩 / 広域変成岩

角閃岩 amphibolite

玄武岩質岩石がやや高い圧力を受けてできた岩石

玄武岩質岩石が、結晶片岩よりもさらに高い圧力を受けてできた広域変成岩で、顕著に角閃石が形成されてそれらがほぼ平行に配列しますが（縞状構造）、薄くはがれる性質（片理）はなくなっています。p.64 の「角閃石岩」とは名前が似ていますが、角閃石岩は火成岩であるのに対して、角閃岩は変成岩であり、成因がだいぶ異なりますので、注意を要します。

角閃岩（市野川：埼玉県吉見町）

角閃岩の特徴

- 粗粒で暗緑色の普通角閃石と、白色の斜長石が縞状構造をなす。
- 片理はほとんど見られない。
- ざくろ石を含む場合がある（ざくろ石角閃岩）。
- 片麻岩と比較して有色鉱物の割合が大きい。

角閃岩（千葉県富津市：三浦層群千畑層中の礫）

角閃岩の偏光顕微鏡像（直交ポーラー）
（千葉県富津市：三浦層群千畑層中の礫）

（下方ポーラーのみ）

変成岩 — 広域変成岩

ざくろ石を含む角閃岩（千葉県富津市：三浦層群千畑層中の礫）
26mm

ざくろ石を含む角閃岩（高知県高知市）
65mm

片麻岩（p.103）と似ているけど、片麻岩の黒い鉱物は黒雲母で、角閃岩のは角閃石なんだよ

- 緑灰色の部分は角閃石
- 赤色のざくろ石を多量に含む
- 白い部分は斜長石

ざくろ石角閃岩（関川：愛媛県四国中央市土居町）
50mm / 12mm

ざくろ石角閃岩の偏光顕微鏡像（直交ポーラー）
（関川：愛媛県四国中央市土居町）
ざくろ石は直交ポーラーでは暗黒になる

（下方ポーラーのみ）
ざくろ石は下方ポーラーのみでは淡い赤色を示す

105

変成岩 / 広域変成岩

緑色岩 green rock
りょくしょくがん

弱い変成作用を受けてできた玄武岩質岩石

　日本列島の土台をつくる付加体の地層中には、海洋プレートそのものやその上に成長したホットスポット海洋島（海山）をつくっていた玄武岩質の岩石が含まれています。これらは比較的弱い変成作用を受けて（結晶片岩より弱い）、鉱物が再構成され、緑色を示す岩石に変化しています。これらを「**緑色岩**」と呼びます。原岩としては、玄武岩のほかドレライトや細粒の斑れい岩、玄武岩質の凝灰岩などがあります。かつては、「**輝緑凝灰岩（ダイアベース）**」と呼ばれたこともありますが、現在ではあまり使われていません。

緑色岩の特徴

- 全体的に緑泥石などの緑色の鉱物が生成し、緑灰色～深緑色を示す。
- 玄武岩などの元の組織を残している場合が多く、斑晶や気泡（アミグデュール：p.34）が見られる場合がある。
- 変成度のやや高いものは、もとの岩石をつくっていた斜長石や輝石などが失われ、角閃石（アクチノ閃石※など）に変わっている場合もある。
- 片理や縞状構造は見られない。

※アクチノ閃石は普通角閃石に比べてアルミニウム成分が少ない角閃石（p.7）

緑色岩（枕状溶岩）の巨大転石（群馬県桐生市黒保根町）

ルーペでは粒はほとんど見えない

斜長石は新鮮に残っている（玄武岩の元の組織をかなり残している）(p.47)

緑色岩（玄武岩質）の偏光顕微鏡像（直交ポーラー）
（群馬県桐生市黒保根町）

ガラス部分が変質して緑泥石などに変わっており、岩石全体が緑色を呈する

（下方ポーラーのみ）

鉄鉱物は変質してスフェーン（チタン石）に変わっているため、磁石が付かない

変成岩 | 広域変成岩

緑色岩（ドレライト質）（渡良瀬川：栃木県足利市）

5mm

黒っぽい部分は単斜輝石

細長い斜長石は変質している

緑色岩（ドレライト質）の偏光顕微鏡像（直交ポーラー）
（渡良瀬川：栃木県足利市）

単斜輝石は新鮮に残っている

ホットスポット起源の玄武岩はチタン成分を多く含む性質があるんだ（p.149）

「砂時計構造」(p.165)を示す単斜輝石（チタンを多く含む）の微斑晶

緑色岩（玄武岩質）（市野川：埼玉県吉見町）

緑色岩（玄武岩質）の偏光顕微鏡像（直交ポーラー）
（市野川：埼玉県吉見町）

繊維状のアクチノ閃石が多量に生成しているやや変成度の高い緑色岩

緑色岩（玄武岩質）（渡良瀬川：栃木県足利市）
緑色が割合に濃い。細粒でルーペでは粒はほとんど見えない

緑色岩（玄武岩質）の偏光顕微鏡像（直交ポーラー）
（渡良瀬川：栃木県足利市）

107

ひすい（ひすい輝石岩） jade（jadeite rock : jadeitite）

変成岩／広域変成岩

レア度 ★★★★★

蛇紋岩に密接に伴う変成岩

「ひすい」は日本を代表する宝石ですが、ダイヤモンドやルビーなどが鉱物の単結晶であるのに対して、ひすいは「**ひすい輝石**」（ナトリウムに富む輝石）という鉱物がたくさん集まってできた岩石です。ですから、それほど透明感はなく、全体の形もはっきりとしません。ひすいは蛇紋岩中に産出することから、地下深くで高圧の変成作用を受けた岩石が、蛇紋岩とともに地表まで上昇してきたものと考えられてきましたが、最近では、熱水の作用などの異なる成因が指摘されています。代表的な産地は、新潟県糸魚川市周辺です。

ひすい（ひすい輝石岩）の特徴

- 陶器のようなすべすべした質感があり、一般に白色～淡灰色だが、緑色や紫色、青色を帯びるものもある。
- ひすい輝石がモザイク状に組み合っている（光を当てて斜め横方向から見るとわかりやすい）。
- 白色の他の石にくらべて比重が大きく、ずっしりと重い。
- かたくて、ハンマーでも割れにくい。

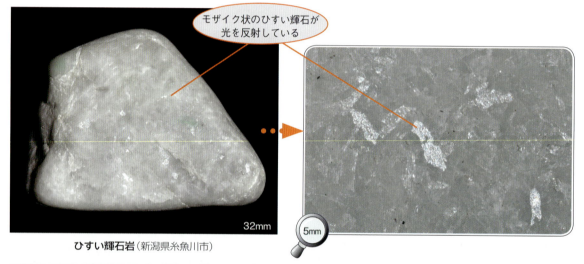

モザイク状のひすい輝石が光を反射している

ひすい輝石岩（新潟県糸魚川市） 32mm / 5mm

ひすい輝石岩（新潟県糸魚川市） 162mm
緑色の部分はひすい輝石ではなく、「オンファス輝石」といわれている［フォッサマグナミュージアム提供］

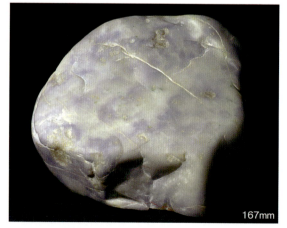

ひすい輝石岩（ラベンダーひすい）（新潟県糸魚川市） 167mm
紫色の発色はチタンを多く含むためと考えられている
［フォッサマグナミュージアム提供］

ひすいで有名な新潟県糸魚川市の親不知海岸　いつも誰かが石をひろっている

ひすい輝石岩の偏光顕微鏡像（直交ポーラー）
（ミャンマー）

長柱状のひすい輝石が密に組み合っている

（下方ポーラーのみ）

●曹長岩（albitite）

ひすいの原岩と考えられてきたのが「**曹長岩**」で、斜長石の一種の曹長石（ナトリウムに富む斜長石）からほとんど構成される岩石です。ひすいとともに蛇紋岩に密接に伴って産出します。モザイク状の組織をもつ白い岩石であり、見かけもひすいと似ています。

モザイク状の曹長石が光を反射している

曹長岩（丸山川河口：千葉県南房総市）

曹長石がモザイク状に組み合っている

曹長岩の偏光顕微鏡像（直交ポーラー）
（千葉県南房総市平久里）

（下方ポーラーのみ）　スフェーン（チタン石）を含む

接触変成岩

せっしょくへんせいがん

高い熱に接触してできた変成岩！

高い熱を受けてできた変成岩

　変成岩の中でも、とくに高い熱を受けて形成される岩石が接触変成岩です。接触変成岩は、既存の岩石が、花崗岩マグマなどの貫入を受けて、それらと接触することにより形成されます。変成作用により、基本的に変成を受ける岩石（原岩）より硬質になる、あるいは結晶がより粗粒になる、という傾向はあるものの、原岩の種類によって、さまざまな接触変成岩が形成され、それぞれ顔つきが大きく異なります。

■日本列島の地質と接触変成岩

　日本列島の場合、中生代白亜紀に花崗岩マグマの形成が盛んになり、それまでに日本列島を構成していた地質は主として海溝付加体であったため、それらを構成する岩石が接触変成を受けました。付加体を構成するのは、砂岩・泥岩、チャート、石灰岩、玄武岩などであり、それらが接触変成を受けて、ホルンフェルス、珪岩、大理石（結晶質石灰岩）などに変成しました。また、南部フォッサマグナ地域では、新生代新第三紀に花崗岩質岩（トーナル岩）が貫入し、おもに伊豆・小笠原島弧起源の火山岩・凝灰岩類が接触変成を受けています。

目に見えない細粒の方解石の結晶の集合体である

石灰岩（荒川：埼玉県寄居町）

肉眼で見えるほどの粗粒の結晶の集合体となっている

大理石（結晶質石灰岩）（久慈川：茨城県東海村）

基本的に細粒の方解石からなる

石灰岩の偏光顕微鏡像（直交ポーラー）
（荒川：埼玉県寄居町）

全体的に大粒の方解石の結晶からなる

結晶質石灰岩の偏光顕微鏡像（直交ポーラー）
（久慈川：茨城県東海村）

■ 接触変成岩のでき方

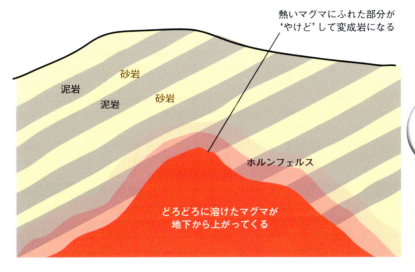

熱いマグマにふれた部分が'やけど'して変成岩になる

泥岩　砂岩　泥岩　砂岩　ホルンフェルス

どろどろに溶けたマグマが地下から上がってくる

マグマに近いほど、変成の程度が大きいんだ！

のっぺりした細粒の泥質粒子からなる

泥岩（荒川：埼玉県寄居町）　67mm

肉眼で見えるほどの変成鉱物の菫青石が多量に生成している

菫青石ホルンフェルス
（千葉県君津市：上総層群万田野層中の礫）　70mm

泥岩の偏光顕微鏡像（直交ポーラー）
（荒川：埼玉県寄居町）

菫青石の結晶

菫青石ホルンフェルスの偏光顕微鏡像（直交ポーラー）
（千葉県君津市：上総層群万田野層中の礫）

変成岩
接触変成岩

ホルンフェルス hornfels

砂岩・泥岩起源の接触変成岩

　接触変成作用を受けて形成された岩石を一般に「**ホルンフェルス**」と呼びます。語源は、「角のように硬い岩石」という意味で、接触変成作用による再結晶を受けて非常に硬質な岩石となっていることから名づけられたようです。さまざまな岩石が接触変成作用を受ける可能性がありますが、日本では、砂岩や泥岩を原岩とするホルンフェルスが一般的です。砂岩を起源とするホルンフェルスと泥岩を起源とするホルンフェルスでは、顔つきがかなり異なります。

ホルンフェルスの特徴

● 泥岩起源のホルンフェルス（**泥質ホルンフェルス**）は、黒色の泥質基質中に菫青石や紅柱石の結晶が斑点状にまんべんなく生じている場合が多く見られる（これらのサイズはいろいろ）。風化すると、岩石全体がベージュ色〜黄褐色を示すようになる。

● 砂岩起源のホルンフェルス（**砂質ホルンフェルス**）は、黒雲母が多く生成し、キラキラ光るように見える。

大粒の菫青石を含む泥岩起源ホルンフェルス
（渡良瀬川支流：栃木県日光市）

泥岩起源ホルンフェルス
（千葉県君津市：上総層群万田野層中の礫）

泥岩起源ホルンフェルスの偏光顕微鏡像（直交ポーラー）
（千葉県君津市：上総層群万田野層中の礫）

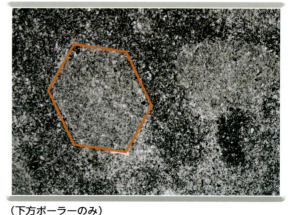

（下方ポーラーのみ）
（線で囲んだ六角形の部分が菫青石の結晶）

変成岩 接触変成岩

細粒の菫青石が多量に生成している

菫青石は変質によって細粒の雲母質鉱物の集合体に変わっている

泥岩起源ホルンフェルス
（千葉県君津市：上総層群万田野層中の礫）

黒雲母が多量に生成していてキラキラ光る

砂岩起源ホルンフェルス（豊川：愛知県豊橋市）

黒雲母が多量に生成している

細長く成長した紅柱石

紅柱石を含むホルンフェルス（豊川：愛知県豊橋市）

灰色（白〜黒）は石英や斜長石

砂岩起源ホルンフェルスの偏光顕微鏡像（直交ポーラー）
（豊川：愛知県豊橋市）

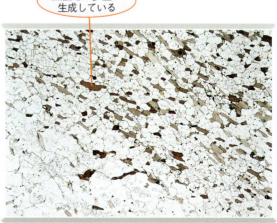

黒雲母が多量に生成している

（下方ポーラーのみ）

結晶質石灰岩（大理石）
crystalline limestone（marble）

石灰岩起源の接触変成岩

接触変成岩の中で、とくに石灰岩を原岩とするものは「**結晶質石灰岩**」と呼ばれます。別名は、高級な石材の代表として知られる「**大理石**」です。原岩の石灰岩は目にはほとんど見えない細粒の方解石からできていますが、接触変成作用を受けるとそれらが再結晶し、肉眼で見えるほどの大粒の方解石の集合体となります。大粒の方解石には「**劈開**（p.168）」が発達することから、破断面はピカピカと光ります。

結晶質石灰岩（大理石）の特徴

- ●石灰岩は灰色だが、結晶質石灰岩はほとんど白色を呈する。
- ●目に見えるほどの大粒の方解石がモザイク状に組み合っている（1つの結晶内にいくつもの平行なすじが見える場合がある：**劈開**や**双晶**）。
- ●石灰岩と同様に、カッターナイフで傷がつくほか、塩酸をかけると炭酸ガスの泡を出して溶ける。

双晶とは、同じ種類で成長方向の異なる結晶が、ある面や軸を対称にくっついている状態のことをいうよ

石灰岩は灰色だが、大理石は純白に近い色を示す

結晶質石灰岩（久慈川：茨城県東海村）

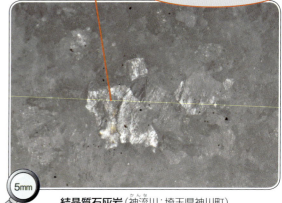

方解石／大粒の方解石がモザイク状に組み合っている

結晶質石灰岩（神流川：埼玉県神川町）

全体的に大粒の方解石の結晶から成る（双晶が発達する）

結晶質石灰岩の偏光顕微鏡像（直交ポーラー）
（久慈川：茨城県東海村）

（下方ポーラーのみ）

変成岩　接触変成岩

結晶質石灰岩（あぶくま洞：福島県田村市）　大粒の方解石の結晶からなる

結晶質石灰岩の切断研磨面（あぶくま洞：福島県田村市）　方解石がモザイク状に組み合っている

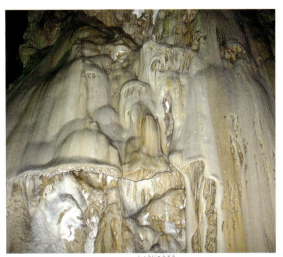

結晶質石灰岩の岩体にできた鍾乳洞 "あぶくま洞"（福島県田村市）

結晶質石灰岩に彫刻をほどこしたトレビの泉（イタリア）

●スカルン鉱物

　石灰岩と花崗岩マグマが接触した部分には、結晶質石灰岩のほかさまざまな特殊な鉱物が生成されます。それらの鉱物を「**スカルン**」と呼びます。石灰岩の主成分であるカルシウムを主体とし、花崗岩マグマからもたらされた鉄や珪素、ホウ素などの成分が加わった鉱物です。

スカルン鉱物の一種　灰ばんざくろ石（福島県鮫川村）

スカルン鉱物の一種　ベスブ石（メキシコ）

珪岩 quartzite（metachert）

チャート起源の接触変成岩

　接触変成岩のなかで、チャートを原岩とする接触変成岩は、「**珪岩**」と呼ばれます。石灰岩と大理石の関係と同様に、目に見えない細粒な石英の集合体であるチャートが接触変成作用を受けると、石英粒子が再結晶して粒が前よりも粗くなります。ただし、大理石ほど大きくはならず、元のチャートとの違いがそれほど明瞭でない場合も多く見られます。やや大粒のものは、ザラメ状で、キラキラした感じに見えます。

　珪岩は風化すると表面が白濁することがあります。そのような表面に全部覆われていると、まるで凝灰岩のように見えますが、少し中を割り出してみると、チャートに似た石英質の岩石であることがわかります。

珪岩の特徴

- 石英粒子がやや大きく成長し、表面はざらざらした感じがある（ルーペで見ると粒子が認識できる）。
- 全体的に石英質だが、チャートほど硬くはない。カッターナイフでは傷はつかない。
- チャートにはさまざまな色を示すものがあるが (p.84)、珪岩はほぼ白色で（再結晶の過程で不純物が排除されるため？）、元の色がやや残る場合もある。

珪岩（長良川：岐阜県岐阜市）

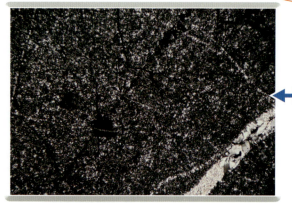

チャートの偏光顕微鏡像（直交ポーラー）
（千曲川：長野県小布施町）

珪岩の偏光顕微鏡像（直交ポーラー）
（長良川：岐阜県岐阜市）

一見するとチャートに似ているが、モザイク状の粗粒の石英結晶からなる

珪岩（駐車場の転石）

結晶がかなり粗粒である

珪岩の偏光顕微鏡像（直交ポーラー）（駐車場の転石）

石英脈

　珪岩は細粒の石英の集合体ですが、変成岩ではないものの同じように細粒の石英の集合体からなる岩石（鉱物）があります。それは、いろいろな岩石の割れ目に形成される「**石英脈**」です。チャートや砂岩、結晶片岩、流紋岩、凝灰岩など、さまざまな岩石中に石英脈が形成されます。地下で岩石に割れ目ができたあと、石英成分（シリカ）を溶かし込んだ地下水が割れ目に染み込み、そこで割れ目を充填するようにして石英の集合体が形成されたものです。このような場所には、立派な水晶が作られる場合もあります。

水晶は、石英の結晶が独自の形を示すように成長したもので、成分も同じシリカなんだ

石英脈（凝灰岩中）（馬見ヶ崎川：山形県山形市）

空洞があると水晶が成長する場合がある

母岩が付着する

結晶片岩中の石英脈（豊川：愛知県豊橋市）

片麻岩中の石英脈（宮川：岐阜県飛騨市）

変形岩（断層岩）

これまで、火成岩、堆積岩、変成岩という、岩石の基礎的な分類に含まれる岩石を見てきました。しかし、地球上にはこれらの分類になかなか入らない岩石もけっこう存在します。ここからは、そのような特殊な岩石をいくつか紹介します。

断層などの力によって変形した岩石

変成岩は、一般的には元の岩石が高い熱や圧力を時間をかけてじっくりと受けていって形成される岩石ですが、一方で、元の岩石が断層運動などにより比較的短時間のうちに変形を受けて形成される岩石があります。

見かけは礫状を示すことが多いですが、礫岩のように粒子が堆積してできたものではなく、岩石に加わる力によって破壊を受けて礫状になったものです。地下の浅い場所でつくられたものは破片化した礫状を示しますが（**脆性破壊**）、深い場所に行くほど高い圧力を受けて流動的な変形（**塑性変形**）を示すようになります。そのような変形が進めば、ほとんど広域変成岩に匹敵するものとなります。

変形岩のメランジュ（渡良瀬川：群馬県桐生市）
一見すると、「礫岩」のように見えるが、礫の種類が単調、礫が角張っている（レンズ状）、礫の配列に方向性がある（基質に線構造がある）などの特徴がある

堆積岩の礫岩（最上川：山形県長井市）
礫の種類がさまざま、礫は丸みを帯びている、礫の配列に方向性があまりない、などの特徴がある

メランジュの露頭（千葉県銚子市）
日本列島の基盤岩（中・古生代の地層）によく見られる

中央構造線(p.122)**の露頭**（長野県大鹿村）
中程の黒い部分が断層ガウジ（粘土）で、その右側が三波川帯の変成岩、左側が領家帯の花崗岩である

変形岩

■ 海溝における地層の変形と付加体（メランジュ）の形成

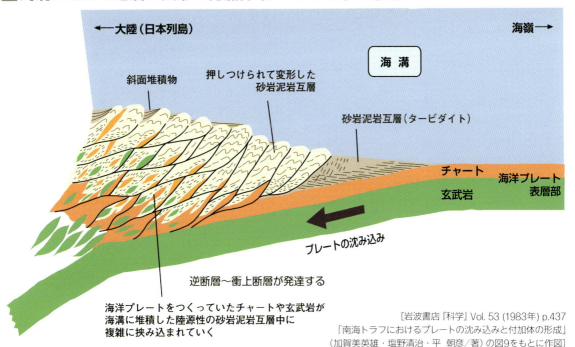

[岩波書店『科学』Vol. 53 (1983年) p.437
「南海トラフにおけるプレートの沈み込みと付加体の形成」
（加賀美英雄・塩野清治・平 朝彦／著）の図9をもとに作図]

■ 断層に沿う部分での岩石の変形と断層岩の形成

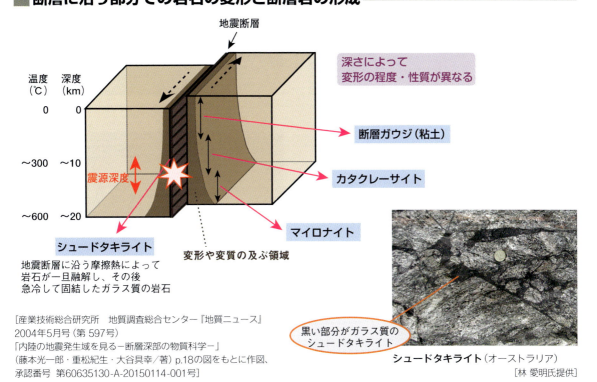

[産業技術総合研究所　地質調査総合センター『地質ニュース』
2004年5月号（第597号）
「内陸の地震発生域を見る－断層深部の物質科学－」
（藤本光一郎・重松紀生・大谷具幸／著）p.18の図をもとに作図、
承認番号 第60635130-A-20150114-001号]

シュードタキライト（オーストラリア）
[林 愛明氏提供]

メランジュ melange

メランジュの語源は、「混合」を意味するフランス語なんだ

変形を受けた砂岩泥岩互層

　日本列島の土台をつくる地層の多くは、海溝付近でつくられた「**付加体**」と呼ばれるものです (p.4, 119)。付加体は、陸地から運ばれた砂や泥が海溝付近の海底に堆積した砂岩泥岩互層と、海洋プレートを構成していたチャートや石灰岩、玄武岩などが、海溝でプレートの沈み込みの力を受けて変形し、混じり合ったものです。そのような変形を受けた地層の代表が「**メランジュ**」で、黒色の泥岩を基質として、その中に砂岩やチャート、石灰岩、玄武岩を礫状に含みます。一見すると堆積岩の礫岩のようですが、右のような特徴から堆積性の礫岩とは異なることがわかります。なお、"礫"のサイズはさまざまで、数mmから数十mに渡る場合もあります。

メランジュの特徴

- 含まれる"礫"が角張っている（レンズ状、ひし形、平行四辺形など）。
- 基質が細粒の泥岩（黒色）である（堆積性の礫岩は一般に基質が砂質）。
- 泥質基質に鱗片状にはがれるような劈開がある（剪断変形を受けたため）。

メランジュの露頭は、大きな礫を含んだ岩石そのものなんだね！

メランジュ（木曽川：岐阜県笠松町） 89mm

砂岩やチャートなどの角張った"礫"を含む

基質は細粒の泥岩（黒色）からなる

メランジュ（渡良瀬川：群馬県桐生市） 115mm

砂岩層が破砕されてレンズ状になっている

レンズ状に分断された砂岩層

メランジュの露頭（千葉県銚子市）

変形岩

あまり変形を受けていない泥岩の偏光顕微鏡像（直交ポーラー）（千葉県銚子市）

（下方ポーラーのみ）
砂岩と泥岩が整然と重なっている

顕微鏡像は露頭をそのまま縮小したような組織を示す

細粒の泥質基質がすりつぶすような変形（剪断変形）を受けた部分

レンズ状に分断された砂岩層

変形を受けたメランジュの偏光顕微鏡像（直交ポーラー）（千葉県銚子市）

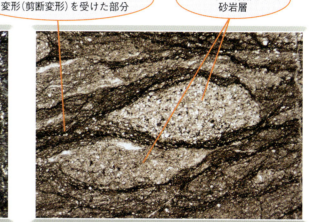

（下方ポーラーのみ）

■ メランジュのでき方のイメージ

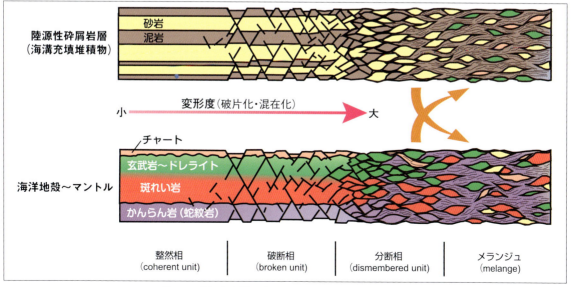

[Raymond, L. A. (1984) Geological Society of America Special Papers, (198), 7-20. を参考に作図]

マイロナイト・カタクレーサイト
mylonite ・ cataclasite

断層の動きによって変形を受けた岩石

　断層が動くと、断層の周りの岩石はその動きによって引きずられるような変形を受けます。地表付近では圧力が低く、軟弱な「**断層ガウジ（断層粘土）**」が作られますが、より深い場所では、構造的に破壊されたのち固結した礫状の岩石が作られます(p.119)。これが「**カタクレーサイト**」です。さらに深い場所では、圧力が高いために岩石は破壊されつつも流動的に変形し、特徴的な組織をもつ岩石が作られます。これが「**マイロナイト**」です。

　国内では、西南日本を縦断する長大な活断層として知られる「**中央構造線**」(p.118)に沿った地域で見られるものが有名です。

マイロナイト（天竜川：静岡県浜松市）
火山岩の斑晶のようにも見えるが、破片状で自形を呈していない

マイロナイト（天竜川：静岡県浜松市）

花崗岩を起源とし、それを構成していた石英や長石が大粒の破片状の粒子として残存している

レンズ状の形態を示す粒子も存在する

マイロナイトの偏光顕微鏡像（直交ポーラー）
（天竜川：静岡県浜松市）

斜長石や普通角閃石が破片状の粒子として存在

斜長石

（下方ポーラーのみ）

流動的な組織が見られる

マイロナイトの露頭（長野県大鹿村）[古滝修三氏提供]

砂岩や礫岩と似ているので注意！

マイロナイト・カタクレーサイトの特徴

- カタクレーサイトには原岩の破片がかなり残っている（礫岩のように見えるが、礫が単一な岩石種からなる）
- マイロナイトには原岩の大型の破片は見えないが、原岩の鉱物粒子が斑点状に残っている場合がある（石英や長石などの破片）
- マイロナイトには流動的な組織が認められる。

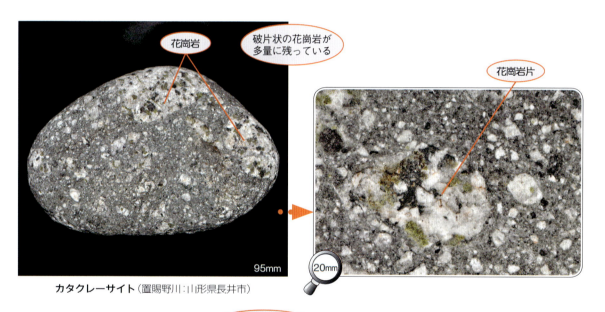

カタクレーサイト（置賜野川：山形県長井市）

カタクレーサイトの偏光顕微鏡像（直交ポーラー）
（置賜野川：山形県長井市）

（下方ポーラーのみ）

隕石および隕石衝突岩

地球の外からやってきた岩石

　地球上にはときどき隕石が降り注ぎます。いえ、降り注ぐというのは適切な言葉ではありません。隕石も小天体として地球と同様に太陽の周りを回っており、その公転軌道が地球と交差している場合、ときに出合い頭に地球とぶつかる場合があるわけです。大気圏を通り抜ける際に大気との摩擦で消滅しなかったものが、地表に落下（衝突）します。なお、川原や海岸にはこれらの石ころはほとんどないと思われますが、見つかる可能性もないとはいえません。

■ 隕石の種類

　隕石にはさまざまなものがありますが、大きくは、「石質隕石」、「石鉄隕石」、「鉄隕石（隕鉄）」の3つに分けられています。

　「鉄隕石」や「石鉄隕石」は金属鉄を主体とする岩石で、地球上の岩石とは趣がだいぶ異なります。ただし、鉄隕石によく間違われるのが、人間がつくった鉄製品や製鉄の際に排出される「スラグ（鉱滓）」です（p.127）。隕石には、鉄以外に少量のニッケルが含まれており、分析すればすぐに違いがわかりますが、肉眼では区別はけっこう難しいです。

　「石質隕石」は地球の岩石と似ていますが、大きく異なる点は、「コンドリュール」という球状の鉱物（宇宙空間でできたため球状に固まった、かんらん石や輝石など）を含む場合が多いことです。これが含まれないと、区別はかなり難しいかもしれません。

　あとは、大気を通過した時の熱によって表面が一旦溶けて、それが冷却してできた黒色のガラス皮膜で覆われていることも、隕石と判断する決め手のひとつになります。

石質隕石（隕石名：アエンデ）（メキシコ）
表面を黒色の急冷ガラスが覆う

鉄隕石（切断面）（隕石名：ギベオン）（ナミビア）
「ウィッドマン・シュテッテン組織」と呼ばれる特徴的な構造を示す

石鉄隕石（断面）（隕石名：イミラック）（チリ）
金属鉄中にかんらん石の結晶を含む

石質隕石（断面）（隕石名：アエンデ）（メキシコ）
球状のコンドリュールを密に含む

かんらん石や輝石からなる
球状のコンドリュール

石質隕石の偏光顕微鏡像（アンホテライトLL-5）（メキシコ）
（直交ポーラー）

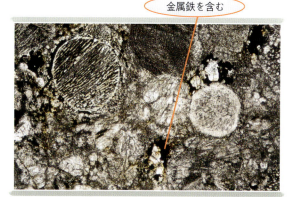

（下方ポーラーのみ）

隕石が地球にぶつかってできる岩石

大型の隕石はかなりのスピードで地球と衝突します。衝突によって隕石が粉々になったり、また、衝突の際に大きな熱が発生し、隕石そのものが溶けて失われてしまう場合もあります。また、衝突の衝撃や熱によって、衝突された地球の地表付近の岩石が砕かれたり溶かされたりして飛び散り、礫岩様の岩石をつくったり、溶けた岩石が急冷してガラス質の岩石となったりします。後者の例が、「**テクタイト**」と呼ばれるガラス質の岩石です。水滴のような形をしたり、火山弾のような形をしているものもあります。

テクタイト（フィリピン：ルソン島）
黒曜岩と似た黒色ガラス質で、火山弾と似た形態を示す

リビアグラス（エジプト：リビア砂漠）
淡い黄緑色のガラスである

人工物（じんこうぶつ）

　これまで見てきたものは、すべて天然の岩石ですが、海岸や川原には、そうではない、つまり、人間がつくり出した人工物でできた'石ころ'がけっこう転がっています。これらは、一見すると、天然の岩石と見間違うものもあります。

さまざまな建築・生活材料

　天然の岩石は、硬いために加工が難しく、用途が限られます。そこで人類は、天然の物質をもとにさまざまな人工的な物質をつくり出し、土木や建築および生活材料などとして利用するようになりました。たとえば、ガラス、陶磁器、瓦や煉瓦、コンクリート、人工的な'岩石'などが挙げられます。これらは役目を終えて廃棄されたのち、川原や海岸で'石ころ'になるのです。

見かけは石ころそのものだね

表面は磨耗して、くもりガラスになっている

ガラス（茨城県日立市波崎海岸）37mm（左下）
材料は石英（珪砂）や珪石（石英質の岩石）など

気泡を含み、比較的軟質で軽い。天然の凝灰岩と間違えやすい

屋根瓦（千葉県鋸南町竜島海岸）49mm　材料は粘土

穴の跡がある。電線などの絶縁体として使われたもの（碍子（がいし））であろう

磁器（茨城県日立市波崎海岸）33mm（右）　材料は長石、石英など

屋根瓦が'石ころ'になるまで（千葉県鋸南町竜島海岸）109mm（左端、縦）

コンクリート（千葉県習志野市）
材料は石灰岩および砂利

石灰岩の破片

ブロック塀には人工'岩石'がよく使われる（千葉県千葉市）
発泡した岩片を含む火山礫凝灰岩とよく似ているが、基質は石灰質（セメント）

作業の工程でできてしまう物質

　意図してつくろうとしたわけではなく、何らかの作業の工程の中で、できてしまう物質もあります。その代表が、製鉄の「**スラグ（鉱滓）**」でしょう。鉄鉱石を製錬する際に、不要な成分として排出されるものがスラグで、その量は膨大であり、有効利用のため、岩石の代わりとしてさまざまな用途に用いられています。なお、鉄の塊のようなスラグもあります。

スラグの'石ころ'（千葉県富津市）
気泡がたくさんあり、穴がまん丸いのが特徴
原料の主体が石灰岩なので、塩酸をかけると泡が出る
鉄を含む場合もある（磁石が吸いつく）

スラグが敷き詰められた空地（千葉県館山市）

スラグの偏光顕微鏡像（直交ポーラー）
（千葉県千葉市中央区）
珪灰石（けいかいせき）という特殊な鉱物が多量にできている

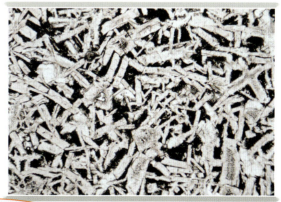

（下方ポーラーのみ）

鉱物・化石

　川原や海岸に転がっている石ころの中には、"岩石"でないものもあります。それは、鉱物（の集合体）や化石です。

　岩石（岩盤）に割れ目ができ、その割れ目をあとから埋めるようにして成長する鉱物があります。それらは、岩石中の「脈」と呼ばれます。前述のような石英質の脈が多く見られるほか (p.117)、沸石や方解石などの脈も見られます (p.18)。これらの脈をつくる鉱物（とくに石英類）は、周りの岩石よりも硬いことが多く、岩石全体が風化した場合に、脈をつくる鉱物の方が石ころとして削り出されてくることが多いのです。

　化石は、多くは砂岩や泥岩などの堆積岩に含まれる形で見られます。一方、化石そのものが石ころになる例もときおり見受けられます。とくに大型で硬く固結した化石が石ころになりやすいといえます。

鉱物（およびその集合体）

　火山岩の中につくられる脈として、「めのう」や「玉髄」があります。これらは、両者ともに微小な石英およびモガナイト（水を含んだシリカ鉱物）粒子の集合体で、割合に透明感があり、縞模様が発達しているものをめのう、そうでないものを玉髄と呼びます。縞模様が見えると、鑑定はしやすいです。一方、石英の脈はやや粗粒な石英結晶の集合体からなり、あまり透明感はなく、白い塊のように見えます（水につけると、やや透明感があります）。ただし、火山岩や凝灰岩に伴う石英脈には、石英の結晶が大きく成長した「水晶」が見られる場合があります (p.117)。

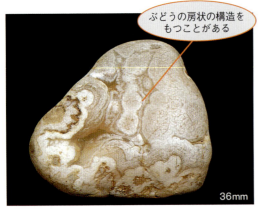

めのう（千葉県君津市：上総層群万田野層中の礫）
縞模様がある。表面はなめらか。色は乳白色、黄褐色、橙色など

玉髄（茨城県常陸大宮市）
破断面は半透明（片栗粉を溶かしたような感じ）

石英（千葉県君津市：上総層群万田野層中の礫）
かなり硬い。あまり透き通らず、ざらっとした表面

碧玉（ジャスパー）（千葉県君津市：上総層群万田野層中の礫）
こちらも微細な石英の集合体。酸化鉄を多く含むため赤色を呈する

化石（および現生生物遺骸）

　化石そのものが"石ころ"になる例としては、動物では体の硬い部分である歯や耳骨があります。植物では、遺体が多量に堆積し熟成してできる「**石炭**」や、植物の樹脂（やに）が硬化した「**琥珀**」、地層中に埋もれた植物（樹幹）が熱水の作用により石英の成分（シリカ）で充填されて全体が珪質になった「**珪化木**」などがあります。また、現生の硬い殻をつくる生物の遺骸が、波に洗われて"石ころ"のように転がっている場合もあります。

クジラ耳骨化石（左：鼓室胞、右：耳周骨）
（千葉県銚子市長崎鼻）
60mm（右側、縦）

琥珀（千葉県銚子市君ヶ浜）
137mm

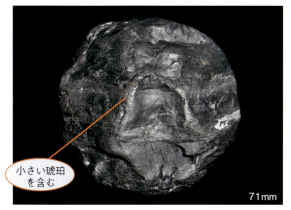

小さい琥珀を含む
石炭（千葉県銚子市長崎鼻）
71mm

石英脈を含む
珪化木（千葉県鋸南町竜島海岸）
35mm

現生サンゴ（鹿児島県南さつま市）
86mm

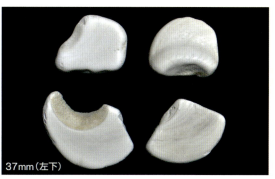

現生貝類の破片（千葉県鴨川市八岡海岸）
37mm（左下）

岩石の正式な分類・命名

これまで、岩石をおもに肉眼やルーペなどで鑑定する方法を見てきましたが、やはり限界があります。岩石の分類や命名には国際的に定められた定義があり、それに当てはめるためには、岩石をつくる鉱物の量比を顕微鏡下で調べたり、鉱物や岩石全体の化学的な組成（成分）を調べる必要があるのです。

ここでは、岩石の正式な分類のしかたを、参考としてお示ししたいと思います。これらを頭に入れた上で、肉眼やルーペでの観察による岩石の鑑定に取り組むと、より正しい答えに近づけると思います。

火成岩（深成岩）の分類

深成岩は、それらを構成する主要な鉱物である、**石英、斜長石、アルカリ長石、準長石**の量比によって区分されます。ただし、日本では準長石を含む岩石はほとんど存在しないことから、おもに前3者の量比による区分を覚えるとよいでしょう。

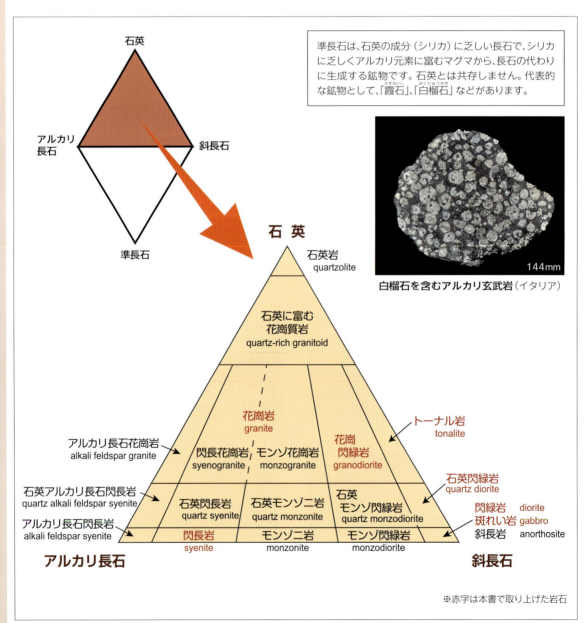

準長石は、石英の成分（シリカ）に乏しい長石で、シリカに乏しくアルカリ元素に富むマグマから、長石の代わりに生成する鉱物です。石英とは共存しません。代表的な鉱物として、「霞石」、「白榴石」などがあります。

白榴石を含むアルカリ玄武岩（イタリア）

※赤字は本書で取り上げた岩石

IUGS（国際地質科学連合）が推奨する深成岩の分類

火成岩（火山岩）の分類

　火山岩も本来は深成岩と同じような分類がなされるはずですが、火山岩を構成する鉱物はサイズがきわめて小さく、顕微鏡下での量比の測定は困難です。そこで、火山岩は岩石全体の化学組成によって区分されることが多くなっています。とくに用いられるのが、シリカ（二酸化珪素）とアルカリ金属元素(p.6)による分類です。

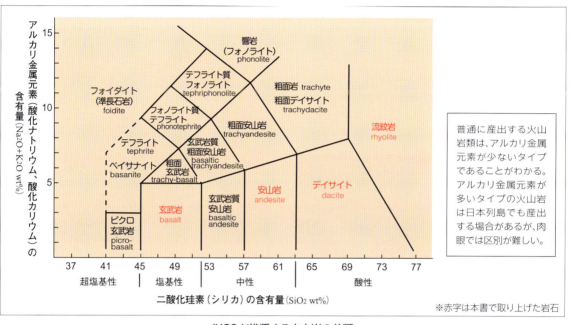

IUGSが推奨する火山岩の分類

普通に産出する火山岩類は、アルカリ金属元素が少ないタイプであることがわかる。アルカリ金属元素が多いタイプの火山岩は日本列島でも産出する場合があるが、肉眼では区別が難しい。

※赤字は本書で取り上げた岩石

堆積岩（砕屑岩）の分類

　堆積岩は、粒子のサイズによって礫岩、砂岩、泥岩に分かれると述べました(p.68)が、正式な分類も基本的にはそのとおりです。ただし、それらは、サイズによりさらに細かく分類されますので、顕微鏡下で粒子サイズが測定できれば、より詳しい分類が可能となります。

粒子サイズ (mm)	砕屑物		集合体（砕屑岩）	
256	巨礫	boulder	礫 gravel	礫岩 conglomerate	巨礫岩 boulder conglomerate
64	大礫	cobble			大礫岩 cobble conglomerate
4	中礫	pebble			中礫岩 pebble conglomerate
2	細礫	granule			細礫岩 granule conglomerate
1	極粗粒砂	very coarse sand	砂 sand	砂岩 sandstone	極粗粒砂岩 very coarse sandstone
0.5 (1/2)	粗粒砂	coarse sand			粗粒砂岩 coarse sandstone
0.25 (1/4)	中粒砂	medium sand			中粒砂岩 medium sandstone
0.125 (1/8)	細粒砂	fine sand			細粒砂岩 fine sandstone
0.0625 (1/16)	極細粒砂	very fine sand			極細粒砂岩 very fine sandstone
0.0039 (1/256)	シルト	silt	泥 mud	泥岩 mudstone	シルト岩 siltstone
	粘土	clay			粘土岩 claystone

※赤字は本書で取り上げた岩石

岩石・鉱物・鉱石・宝石

　これまで、数多くの石ころ(岩石)を見てきました。先にも述べましたように、岩石は鉱物でできていますが、その種類は限られています(造岩鉱物：p.30)。ほかに、一般的な岩石をつくらずに、岩石中のある特殊な場所にだけ生成する鉱物がたくさんあり、その中には、結晶が肉眼で見えるまでに成長し、独特の形や色を示すものがあります。

鉱物　天然に産する無機質の均質な物質で、規則的な原子配列をもち、ほぼ一定の化学組成をもつもの、と定義されます。これまでに、世界で約5,000種類の鉱物が知られていますが、岩石をつくる造岩鉱物はそのうちの数十種類に限られ、それ以外は岩石中の特殊な場所に形成されます。

石英(水晶)(アメリカ)

石膏(せっこう)(カナダ)

硫黄(いおう)(イタリア)

黄鉄鉱(スペイン)

方解石(千葉県南房総市)

千葉石(ちばせき)(千葉県南房総市)

⇨ そのようなものが、いわゆる「**鉱物**（**標本**）」と呼ばれて、コレクションの対象となったり、あるいは、加工されて「**宝石**」となる場合があるのです。一方、人間の生活に役立つような特殊な金属を含む鉱物が集まる場合もあり、そのような集合体を「**鉱石**」と呼んだりします。これらは、川原や海岸で石ころになることはほとんどなく、特殊な場所（鉱山など）に行かないとなかなかお目にかかることはできません。

　これらは、この本では詳しく取り上げませんので、他の図鑑（鉱物図鑑など）を参考にしていただきたいと思います。ここでは、その中のほんのいくつかを紹介したいと思います。

◆ ◆

鉱石　　金属など人類の文明に役立つ鉱物をとくに多く含む岩石を「**鉱石**」と呼び、そのような鉱石が多量に存在する場所を「**鉱床**（こうしょう）」と呼んでいます。ある特殊な地質現象を被った場所に形成されます（海底の熱水噴出口周辺など）。

黒鉱（くろこう）（秋田県大館市深沢鉱山）
方鉛鉱、閃亜鉛鉱などの集合体

黄鉱（おうこう）（秋田県大館市花岡鉱山）
黄銅鉱、黄鉄鉱などの集合体

◆ ◆

宝石　　天然の鉱物のうち、1) 光沢・色調・色彩効果などがとくに優れて美しく、2) 硬度が高くて傷つきにくく、かつ化学的・機械的な安定度が高く、3) 産出量が希少、という条件を備えており、装飾に使われるものが「**宝石**」とされます。

　なお、宝石の多くは鉱物ですが、岩石（ひすい）や化石（琥珀）の例もあります。

ダイヤモンドの指輪

ルビーの指輪

石ころ鑑定のシミュレーション

ある石ころを採集したよ！
この岩石をどうやって鑑定していくのか、順を追ってみてみよう！

鑑定のヒント
- これまで見てきたいろいろな岩石のでき方を頭にいれて、「この岩石ならこういう特徴を示すはず」という目で岩石を見ていくとよいです。
- 消去法も一つの手です。「こういう特徴がないからこの仲間ではない」というようにして候補を絞っていきましょう。

ポイント 岩石をつくる鉱物の粒が、肉眼やルーペで見える

↓ yes

鉱物の状態はどうかな？観察してみよう

①自形を示す鉱物が含まれる場合〔斑状組織〕→ 火山岩

［さらに鉱物の種類を調べてみると…］
含まれている鉱物（斑晶）が
- かんらん石・輝石 → **玄武岩**
- 輝石・角閃石 → **安山岩**
- 角閃石・黒雲母・石英 → **デイサイト・流紋岩**
- 斜長石 → 上記岩石のいずれにも含まれるので、他の情報（色や硬さ、石英質かどうかなど）を参考に推定する。

鉱物の種類は、p.30を参考に推定してみてね

玄武岩

安山岩

流紋岩

②自形を示す鉱物が含まれ、かつ破片状の粒子もふくまれる場合
→ **凝灰岩**（火山砕屑岩）

凝灰岩

自形を示す鉱物 斜長石
破片状の粒子

③粒子がモザイク状に組み合っている（均質な）場合〔等粒状組織〕→ 深成岩

[さらに鉱物の種類を調べてみると…]

含まれている鉱物が
- 斜長石（白）と輝石（暗緑色、暗灰色）・角閃石（黒）→ 斑れい岩・閃緑岩
- 斜長石（白）と石英（灰色）と角閃石・黒雲母（黒）→ 石英閃緑岩・トーナル岩
- 斜長石（白）と石英（灰色）とカリ長石（白またはピンク）と角閃石・黒雲母（黒）→ 花崗岩・花崗閃緑岩

斑れい岩

石英閃緑岩

花崗岩

④粒子が丸みを帯びているまたは破片状（不均質なことが多い）の場合
→ 堆積岩

[さらに粒子のサイズを調べてみると…]

粒子サイズが
- 2mm以上 → 礫岩
- 2〜0.0625mm（ルーペで粒子が確認できる大きさ）→ 砂岩

[ほかにこのような特徴のある堆積岩もある]
- サイズの異なる粒子の層が重なる場合がある（地層の重なり）
- 化石が含まれる場合がある。

礫岩

砂岩

⑤キラキラ光る平べったい鉱物が集合している場合
→ 変成岩（結晶片岩）

[以下のような特徴が見られることがある]
- 縞模様があり、それに沿って剥がれやすい（片理）
- 異なる種類の鉱物からなる層もある（縞状構造）

結晶片岩

鉱物の粒がルーペでも見えないときは、次頁に進むよ！

石の種類とでき方

石の種類とでき方

> **ポイント** 岩石をつくる鉱物の粒が、ルーペでも見えない※

※粒がルーペで見えない場合は鑑定がなかなか難しい。ここではいくつか例を挙げるが、どれにも当てはまらない場合もあることに注意してほしい。

硬さを調べてみよう。カッターナイフで傷がつくかな？

塩酸をかけると泡が出るかどうか調べてみよう！

① 硬くて（カッターナイフで傷がつかない）
透明感があり、黒いすじが入る場合も多い
（石ころの色は灰色、暗灰色、淡緑色、赤色、淡褐色など）
→ **チャート**（珪質泥岩・珪質凝灰岩の可能性もあり）

チャート

② 硬くて（カッターナイフで傷がつかない）
透明感があり、全体的に白い
→ **石英**

石英

③ 軟らかくて（カッターナイフで傷がつく）、塩酸をかけると泡が出る → **石灰岩**

石灰岩

④ 軟らかくて（カッターナイフで傷がつく）、塩酸をかけても泡が出ない
→ **泥岩**（石ころの色は黒色、褐色、ベージュなど）・**細粒凝灰岩**（白色、緑色など）

泥岩（新生代）

細粒凝灰岩

第3章
石ころの生い立ちを探る

これまで紹介してきた石ころは、地球上にある石たちのほんの一部にしかすぎません。しかし、身近な石ころには、すぐ近所の崖から転がってきたもの、川の上流から運ばれてきたもの、地球上のプレートに乗って遠くから運ばれてきたものなどがあり、その生いたちは実にさまざまです。
これらの石ころを調べたり、岩石が露出する崖（露頭）を調べることで地球の歴史を調べることができます。
ここでは野外で石をみつけて調べた様子を紹介します。いよいよ石ころ博士をめざして、石ころ観察を始めてみましょう！

八丈島の縄状溶岩

石の履歴書

いろいろあるなぁ！

石にはさまざまな歴史がある

みなさんが見てきた石には、地球が誕生して46億年という歴史の中で、新しい石や古い石があります。それだけでなく、その場で誕生した石もあれば、別な場所から運ばれてきた石など、その人生（？）はさまざまです。ここではその一部を紹介します。

●新しい石

岩石名	デイサイト (p.40)
誕生日	1991年5月頃
本籍（生まれた場所）	雲仙・普賢岳の地下（地殻）
現住所（見つけた場所）	雲仙・普賢岳の崖
経歴	地下の地殻で溶けたマグマが溶岩として地表に流れて固まった。
特技	固いので敷石などに利用される。

雲仙・普賢岳

●ちょっと古い石

岩石名	緑色凝灰岩 (p.94)
誕生日	1,500万年前頃
本籍（生まれた場所）	昔の海底火山の周辺
現住所（見つけた場所）	栃木県宇都宮市大谷町の川原
経歴	地下の地殻で溶けたマグマが海底で火砕流として噴火し、まわりの熱で緑色に変質した。
特技	変質してやわらかいため加工しやすい。石塀として利用される。「大谷石」とも呼ばれる。

大谷石の地下採掘場［大谷石産業（株）］

●結構古い石

岩石名	石灰岩 (p.82)
誕生日	3億年前頃
本籍（生まれた場所）	熱帯の海
現住所（見つけた場所）	山口県秋吉台
経歴	サンゴ礁が海洋プレートで運ばれて、かつての日本列島へもぐり込む時に地下へ入らずに壊れて取り残され、その後、隆起した。
特技	水に溶けやすく、洞窟（鍾乳洞）ができやすい。化石が多数見つかる。セメントの原料になる。

フズリナを多数含む

鍾乳洞（秋芳洞）

石ころの生い立ちを探る

●めちゃくちゃ古い石

岩石名	片麻岩(p.102)
誕生日	40億年前頃
本籍(生まれた場所)	昔の海
現住所(見つけた場所)	カナダ・アカスタ地方
経歴	花崗岩質な岩石が地下の熱や圧力で石の性質が変わった。
特技	地球上で最古級の岩石として注目される。

アカスタ片麻岩の露頭 [神奈川県立生命の星・地球博物館 平田大二氏提供]

●その場で誕生した石

岩石名	玄武岩(p.36)
誕生日	1986年11月21日
本籍(生まれた場所)	伊豆大島三原山山腹
現住所(見つけた場所)	伊豆大島の遊歩道
経歴	地下で溶けたマグマが溶岩として地表に流れて固まった。
特技	溶岩が流れた様子がバッチリ観察できる。

縄状溶岩

1986年に流れ出た溶岩

●よそから運ばれた石

岩石名	玄武岩(p.36)
誕生日	4,000万年前頃
本籍(生まれた場所)	大洋の中央海嶺(海底の山脈)
現住所(見つけた場所)	千葉県鴨川市
経歴	海洋プレートをつくる玄武岩として生まれた後、かつての日本列島へもぐり込む時に地下へ入らずに壊れて取り残された。
特技	海底で噴火した溶岩が枕の形に似ているので「枕状溶岩」と呼ばれる状態で観察できる。

枕状溶岩

みなさんの周りにある石ころにも、いろいろなものがあることがわかってきたでしょうか？
次はいろいろな石ころたちの生い立ちを探ってみます。

139

日本列島はさまざまな石からできている

石ころの生い立ちを探る

　日本列島は数十億年前から現在に至るまで、さまざまな歴史を経た多様な岩石からでき上がっています。地質時代ごと・岩石の種類ごとに、色や記号を使ってかき分けた地図を地質図といいます。地域によって露出する岩石が異なるので、さまざまな色合いとなり、見ていて飽きません。ここでは産業技術総合研究所地質調査総合センターがまとめた日本列島の地質図を紹介します。詳細な地質図をご覧になりたい場合は、インターネットで産業技術総合研究所の日本シームレス地質図（https://gbank.gsj.jp/seamless/v2.html）にアクセスしてください。スマートフォンやタブレットPCでも見られるので野外で活用する時に大変便利です。（https://gbank.gsj.jp/seamless/smart.html）

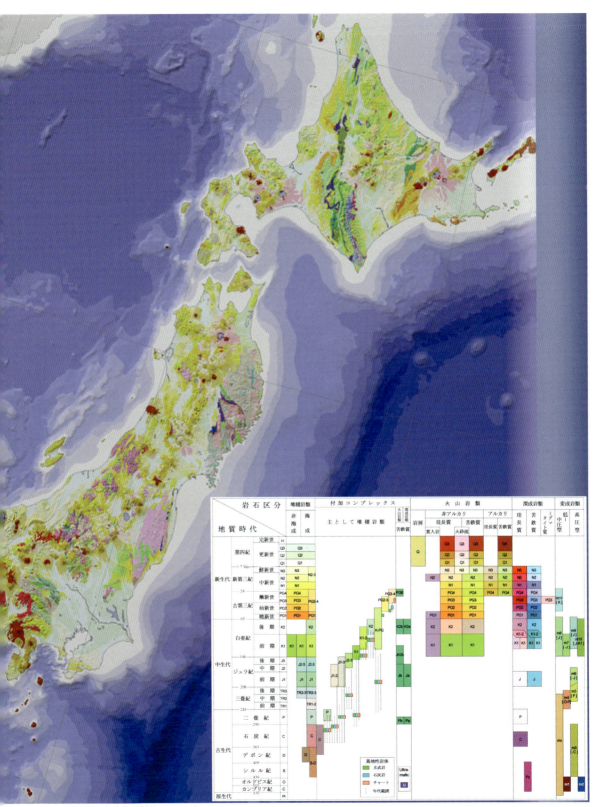

※本ページは以下の著作物を利用しています。
『理科年表読本 コンピュータグラフィックス 日本列島の地質CD-ROM版』(産業技術総合研究所地質調査総合センター／監修、日本列島の地質編集委員会／編、丸善／発行)、クリエイティブ・コモンズライセンス表示－改変禁止2.1 (http://creativecommons.org/licenses/by-nd/2.1/jp/)

石ころのふるさとをたどる

いっぱい石ころを見てきたね。それではいよいよ石ころの元を見に行ってみよう!!

川原の石ころはどこからやってきたのでしょうか？

基本的には川原の石ころは、見つけた周辺から崩れたり、上流から大雨後の増水によって運ばれてきたものです。その元の崖（露頭）に出合うことで、その石ころができた頃の様子を観察することができます。

ここでは東京都西多摩郡の秋川渓谷周辺を例に、川原の石ころがどの崖から運ばれてきたのかをたどってみたいと思います。同じような岩石がたくさん分布しているので、必ずしも川原で見つけた石ころが写真で示した崖から転がってきたわけではありません。あくまで石ころのルーツを探るめやすとして紹介します。

玄武岩の露頭

チャート（灰色）の露頭
高さ約100mのブロック

チャート（赤色）の露頭
工事中の崖で発見
現地で許可を得て撮影

石英閃緑岩の露頭

等粒状組織（p.50）が観察できる

露頭の様子

泥岩の露頭

露頭を見つけて観察しよう

前ページで紹介した地域だけでなく、山や海へ出かけたら、崖を見つけてみましょう。石ころの元になる、ごつごつとした岩が露出している場所があるはずです。このような崖のことを私たちは「露頭」と呼んでいます。地球のダイナミックな動きを探るために露頭を見に行きましょう！

自然の崖—川沿いの露頭

○○渓谷とか●●峡、△△滝などといわれる場所へ出かけると露頭を発見しやすいです。ただし、足元に気をつけて見学してください。

群馬県碓氷川の滝 かつて火山噴火した様子が川沿いで観察できる。

宮崎県高千穂峡に露出する溶結凝灰岩の露頭 写真右下に見えるのは、溶結凝灰岩(p.92)が冷却するときにできた柱状の割れ目（柱状節理という）。

自然の崖—海沿いの露頭

海沿いの露頭は波が打ち寄せる場所や断崖絶壁、潮の干満によって帰れなくなる場所などがあるので、道がある安全な地域で観察しましょう。

伊豆諸島の新島・羽伏浦で見られる露頭 火山噴火で堆積した軽石(p.35)が無数に観察できる。

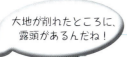
大地が削れたところに、露頭があるんだね!

兵庫県但馬御火浦に露出する流紋岩 (p.42)
冷却時にできた柱状の割れ目である柱状節理が発達している。

宮崎県青島の海岸に露出する'鬼の洗濯板'
かつての海底に砂岩と泥岩が交互に堆積したもの(砂岩泥岩互層(p.70))が隆起し、波の力によって軟らかい泥岩が削られて凹み、硬い砂岩は波で削られずに残ったため、凹凸の地形ができ上がった。

人工的に削った崖

山の中や海岸沿いの道路などを人工的に切り開いたり、道を広げる工事などで露頭が出てきて観察しやすくなる場合があります。

伊豆大島の火山灰降下堆積物の露頭 伊豆大島を形成した火山噴出物の堆積した様子が縞模様となって観察できる。

千葉県鴨川市に露出する枕状溶岩 枕状溶岩は枕のような楕円や丸みを帯びた溶岩のことで、玄武岩質な粘り気の少ない溶岩流が、水中に流れた時に特徴的に現れる形態である。
この地域では、かつて海底に噴出したものが海洋プレートによって運ばれた後に隆起した。

石ころの生い立ちを探る

野外へ出かける際の服装・注意

野外へ出かける時は街中で歩くような服装では危険です。調査道具や危険な生きもの達についてもあわせて紹介します。

■服装について

●長袖と長ズボン
日差しが強かったり、草むらや崖を登る時に転ぶ可能性があります。夏でも半袖・短パンは避けた方が無難。

●帽子またはヘルメット
日よけと転んだ時や落石などの危険な状況で頭の怪我を防ぐのに必須。

●靴
歩く場所によって異なります。普通の運動靴はすべるので危険。登山用の靴（足首を保護するものが望ましい）や、沢歩きをする時は長靴または地下足袋などを使用します。

●タオル
日よけ、汗ふき、石の汚れとり、襟から虫が入らないようにするために首元に巻くことをおすすめします。私は学生時代にタオルを忘れた日の野外調査に限って毛虫が首元から入ったらしく、ただれてひどい目にあいました。

●軍手
岩石を採集する時や草むらを歩く時に怪我防止のために必要。

●保護メガネ（ゴーグル）
岩石をハンマーで割った時に破片が飛び散って危険です。目を保護するためにも必ず装着してから割りましょう。

■観察のマナー

環境への配慮から、石ころをたたくのは必要最低限にしましょう。また、採集については許可が必要な地域もあるので、その際は観察だけにとどめましょう。

◎危険な生きものについて

マムシ、ハチ、ムカデ、ヤマビル、クマ等、危険な生きもの達が野外では数多く生息しています。場所や季節によって、危険な生き物はさまざまですので、気をつけて活動してください。

ニホンマムシ

オオスズメバチ
[©全国農村教育協会]

アシナガバチの仲間は草木が生い茂るところに巣をつくることがあるので気をつけよう

ムモンホソアシナガバチ

■調査道具について

石ころを観察する時に必要な道具を紹介します。

※ハンマーや地層の傾きを測定するクリノメーターは専門店(p.161)で購入できます。

- カメラ
- 新聞紙（サンプルを包むと汚れない）
- サンプル袋
- ハンマー（周囲に人がいないのを確認してから叩きましょう）
- 野帳
- カッター（鉱物の固さを観察するのに使用）(p.83, 136)
- 筆記用具（油性ペン等）
- ルーペ（使い方はp.19）
- ものさし 巻き尺 折り尺
- 塩酸を含むトイレ洗剤（石灰岩や方解石を鑑定する時に使用）(p.83, 136)
- 地形図
- 磁石（磁性鉱物の鑑定に使用。ネオジム磁石をすすめるが、電子機器に支障を来す恐れがあるので扱いに気をつけること）(p.24)
- タガネ（岩石を割る時にすき間に当ててハンマーでたたいて割ります）
- クリノメーター（地層の傾く方向を測る装置）
- 走向板（地層の傾く方向を測る時に、地層面に置く板）

●地形図について

野外で自分がどこにいるのかを確認するだけでなく、どこで岩石を採集したのかを記録するのに地形図が必要になります。国土地理院から全国の2万5千分の1や5万分の1地形図が発行されており、書店で取り扱っています。

最近は携帯電話やカメラにGPS機能がついており、地形図をもたなくても位置を確認することができるようになりました。どちらが使いやすいかは本人にお任せしますが、地形図を眺めることで山全体の雰囲気や地域の情報などを大きな紙面で読み取ることができます。

■気象の変化に気をつけよう！

雨が降りそうな時に川沿いで観察する際は、急な増水に気をつけましょう。天気が良くても油断せず、気象の変化には十分気をつけてください。

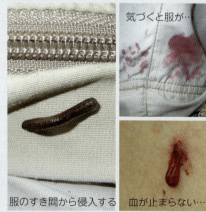

服のすき間から侵入する　ヤマビル
気づくと服が…
血が止まらない…

ムカデ [©全国農村教育協会]

マダニ [©全国農村教育協会]

ツキノワグマ　[認定NPO法人 四国自然史科学研究センター提供]

石ころを持ち帰った後の作業

石ころを整理する

　採集してきた石ころはラベルをつけて整理し、保管しましょう。ラベルには採集日、採集場所、採集者を記します（写真❶、❷）。ちなみに千葉県立中央博物館の標本には「登録番号」を付しています。当館では岩石、植物、動物、歴史分野など80万点以上の標本が収蔵されており、そこから必要なものを見つけ出して研究や展示などに使うために、個々に番号をつけて整理しているのです。皆さんもぜひ工夫してみてください。

　個人で採集するのはここまでですが、以下に地球の歴史を調べるための研究過程の一部を紹介します。

❶ 石ころ採集（荒川）

❷ ラベルをつける
↓
サンプル袋に入れる
↓
箱に保管

顕微鏡で観察する

　野外で石ころをルーペで観察するだけでは、鉱物の内部の様子や小さな鉱物をみるのは困難です。そこで石ころを野外から持ち帰り、研究室でさまざまな分析を行います。まずは持ち帰った岩石を岩石カッターで成形して、研磨などの作業を経て岩石薄片（プレパラート）を作成します。その後、偏光顕微鏡で観察し、岩石を構成する鉱物や組織の観察を行います(p.28)。

　千葉県立中央博物館では、利用者の石ころ好きな人達で結成した『ヒスイの会』があります。ヒスイの会の方々と学芸員が一緒に石ころを採集し、薄片を作成して岩石の観察を行っているので紹介します（写真❸～❻）。

❸ 岩石カッターで成形

❹ グラインダーで磨く

❺ 鉄板やガラス板で磨く

❻ 偏光顕微鏡で観察する

詳細に分析する

　顕微鏡観察によって岩石の特徴がわかった後は、岩石全体の化学組成や構成する鉱物の化学組成や年代測定などを行い、いつ頃、何が地球で起きていたのかを化学組成の特徴などから推察します。これらの分析装置は大学などの研究機関に設置されており、大地の秘密を解き明かす研究者が昼夜を問わず分析しています。

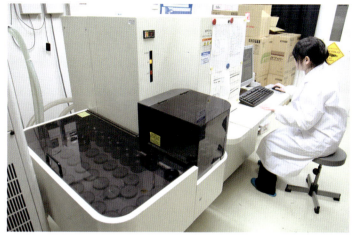

蛍光X線分析装置
(X-Ray Fluorescence spectrometer. 略称：XRF)
岩石全体の化学組成を調べる装置（新潟大学）。
岩石は、プレートが沈み込む場所や海洋島など、地球上でその岩石ができた場所によって化学成分が異なります。岩石全体の化学組成がわかることで過去にどのような環境でその岩石ができたかという背景がわかってきます。
岩石を粉にして電気炉で溶かしてガラス板をつくり測定します。

露頭

採集した岩石

千葉県房総半島の鴨川市に分布する玄武岩(p.139)の化学成分をXRFで分析し、他の研究者が分析したデータも引用してグラフ化した。同一地域の玄武岩を同じ記号で示したが、似たような化学成分というよりはばらけているように見える。これは、かつてのフィリピン海プレート上にさまざまな場所で噴出した岩石があり、そのプレートが現在の房総半島下に沈み込んだ時にいっしょに混ざって取り込まれたと本書の著者・高橋は考えた。[高橋ほか、2012に加筆]

XRFで分析 → 分析した多くの岩石をグラフ化すると…

標本名：GR1598	
化学組成	重量（％）
二酸化ケイ素（SiO_2）	50.81
酸化チタン（TiO_2）	1.58
酸化アルミニウム（Al_2O_3）	14.71
酸化鉄（Fe_2O_3）	8.18
酸化マンガン（MnO）	0.16
酸化マグネシウム（MgO）	7.73
酸化カルシウム（CaO）	11.59
酸化ナトリウム（Na_2O）	3.19
酸化カリウム（K_2O）	0.29
五酸化二リン（P_2O_5）	0.16
計	98.40

※このほか、水（H_2O）が含まれる

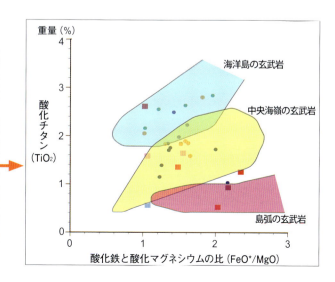

電子線マイクロアナライザー
（Electron Probe Micro Analyser. 略称EPMA）
岩石をつくる一つ一つの鉱物の化学組成を点または面で測定する装置（新潟大学）。
岩石全体だけでなく、そこに含まれる鉱物の化学成分を調べると、その岩石が地球の中でどのような動きをしたのかがわかってきます。

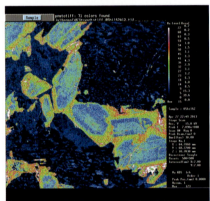

火山岩中のナトリウムの成分画像
斜長石が成長する時にマグマの中でどのように成分が変化をするかを読み取る［及川真宏氏提供］

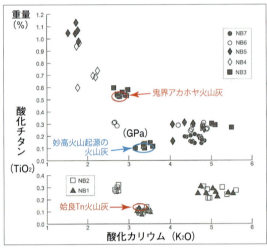

火山灰とその起源となる火山についての研究
〔卜部・片岡（2013）より抜粋し加筆〕

著者（大木）と大学時代に同級生だった卜部厚志さん（新潟大学災害・復興科学研究所准教授、上の写真）の研究。
新潟県と長野県県境の苗場山山頂部の湿地に堆積した12枚の火山灰層（NB1〜12）の火山ガラスの化学成分を調べ、その火山灰がどの火山起源なのかを研究した。その結果、妙高火山や草津火山など近隣の火山だけでなく、鹿児島湾北部の姶良カルデラ、鹿児島県南方の鬼界カルデラなどの大規模噴火によって火山灰が苗場山まで降ってきたことが明らかになった。

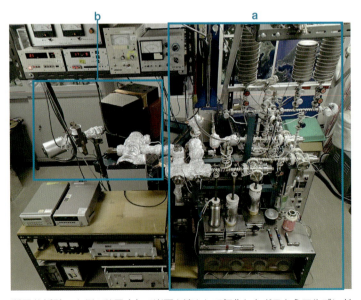

質量分析計　右側の装置（a）で岩石を溶かして気化したガスからアルゴンだけを抽出します。その後、左の湾曲した装置（b）に入れて磁場を通すことでアルゴンの微妙な質量の違いの比を測定します。カリウムは別途分析します。
［岡山理科大学 自然科学研究所提供］

いま目の前に見ている岩石はいつできたのでしょうか？　また、その岩石ができる起源となった地球深部の物質はどんな状態だったのでしょうか？　それを調べる装置が質量分析計です。岩石に含まれる特定の放射性元素に着目して測定します。
K-Ar（カリウム－アルゴン）法は放射性カリウムの崩壊により、アルゴンが生じることを利用した年代測定法です。左の写真は、アルゴンの同位体比および絶対量を測定する質量分析計です。

終章
石ころ博士をめざして

石ころの調べ方の実際が少しわかってきたでしょうか？
ここではさらに石ころを詳しく探りたい人達のために、参考となる研究施設や参考文献などを紹介して、この本を片手に石ころ博士になるための秘密を教えます。
石ころ博士になって世界中を駆け巡ったり、私たちの暮らしを支える人達を紹介して、石ころ博士の未来をのぞいてみましょう！

石ころ博士から未来の石ころ博士へ

石ころ少年の未来の姿

みんながんばっているね！

大学時代に共に「地質学」を学び、共にフィールドへ出かけた友人達が現在、さまざまな職業で活躍しています。彼らから子どもの頃の石ころ体験、仕事へのやりがい、読者のみなさまへのメッセージ等を語っていただきました。

石川正弘さん（横浜国立大学教授・理学博士）

2〜3歳の頃から白く透き通った円礫を集めるのが好きでした。運良く高校には地学部があり、3年間で約100日、仙台周辺の地層・岩石や化石・鉱物を観察しました。観察しているだけでは満足できなくなり、地球相手に研究をしたいと思い始めたのはこの頃です。

地球を相手に、南極大陸の氷の世界からマダガスカルの熱帯地域やオマーンの砂漠までさまざまなフィールドで調査を行えること、岩石から大陸がどのように成長し変動してきたのかを読み解くことが今の仕事の魅力です。

小さな石ころから、巨大な石ころ「地球」まで、夢中になれることを見つけた君は未来の科学者だよ。

南極大陸セール・ロンダーネ山地にて地質調査

金子慶之さん（明星大学教授・理学博士）

子どもの頃、ヒマラヤを間近に観た時「これほど圧倒的存在感のある巨大かつ長大な地球構造物がどのようにしてできたのか？」その謎を解く鍵は、「石ころ」を調べることで解明することができる！と知ったその時が、まさに「私と石ころとの出会い」です。

地球科学者にとって、「石ころ」は「地底探査タイムマシン」のような存在です。すなわち、「地球の内部」と「46億年の地球の歴史」を、同時に解き明かすことのできる唯一の存在だからです。この「地底探査タイムマシン」を使って地球の謎に挑戦しているときが一番幸せを感じるときです。

君たちも「地底探査タイムマシン」に乗船し、地球惑星探検にでかけよう！

パキスタン・カシミールにて地質調査

佐藤壽則さん（地質調査会社勤務・技術士（応用理学部門））

私は新潟県北部の農村で幼少期を過ごしました。小学校の近くには川が流れていて、天気の良い日は時々校外学習で川原へ出かけました。川原では動物・植物の観察のほかに、石ころの観察も行いました。そこでは石ころ一つひとつがそれぞれの個性を持ち、ここまでたどり着いた環境が異なるのだと教えられました。今思い起こすと、私が地学分野に染まったのはこの経験からかもしれません。

私は現在、地滑りや地下水の調査を通して、自分のしたことが社会の役に立っていると実感できる瞬間があり、仕事へのやりがいを感じています。

継続は力なり！ ぶれないで、すぐあきらめないで、粘り強くやり抜く意志を持ってください。

新社会人に地質を熱く語る

石ころ博士をめざして

山本邦仁さん（独立行政法人 石油天然ガス・金属鉱物資源機構（JOGMEC）勤務）

　小さい頃、釣りにでかけるたび、川原の石ころに目を引かれたのが、長じて地質屋になり鉱物資源探査プロジェクトに携わるようになった原点です。

　鉱物資源探査とは、鉱脈を見つけて鉱山開発のきっかけを作る仕事です。地質調査やボーリング調査などにより、「地の恵み」のありかを探り当てるのです。人の住まない奥地や山岳高地へ分け入ることもしばしばで、快適な生活とは縁遠いのだけど、この惑星が育んだ鉱物資源の魅力が、私を世界中のフィールドへと駆り立ててやみません。

　鉱物資源は経済や産業にとって価値あるもので、特殊な石ころです。でも、身近な石ころにも地球の歴史が刻まれているのですから、探究心を注ぐ価値のあるものといえるでしょう。

アルゼンチンにて地質調査

柿崎聡さん（石油会社勤務）

　子供のころはもっぱら宇宙が好きでした。ただ、恐竜の化石などは好きで、博物館の展示を何回か観に行った思い出はあります。

　私は現在、石油・天然ガス開発（油田やガス田を探す事や、実際にある油田やガス田から効率良く油やガスを取り出す事）を仕事としています。自分達で考えた油田・ガス田になると思われる場所に井戸を掘って、油やガスが考え通りに出てきた時に充実感を味わえます。しかし、それが油田・ガス田となる可能性は100本掘って、3～4本位と言われています。

　物事に興味を持つ事は良い事です。それが石ころでなくても、何でもいいと思います。その興味をず～っとみなさんに持ち続けて欲しいです。

オーストラリア・インド洋上の石油掘削井戸にて

桑原通泰さん（中学校教諭）

　生まれ育った故郷の近くに日本一の大河・信濃川が流れており、川原で遊ぶ度にキラキラ輝く石に我を忘れて見入りました。

　今、いろいろな問題を抱える子どもたちは少なくありません。でも、私の話を聞いて笑ってくれる子どもたちの笑顔や輝きが最高に幸せです。教師になって本当に良かったと思う瞬間です。

　岩石の単元の授業をする時、子どもたちをもっと輝かそうと気合いが入ります。ずっと輝いていて欲しいと心から願っているからです。川原に立ち、時を忘れていつまでも輝く石を見つめていた子どもの頃を思い出しながら。

岩石の授業は気合いが入ります！

観察テーマを持とう ～博物館へ行こう！ 観察会に参加しよう！

　ここまで本書を読み進めた方は、山や海へ出かけた時に崖を目にすると「この露頭は何からできているのだろう？」と疑問に思うはずです。直接露頭を観察することもできますが、全国各地には地元に産出する岩石、鉱物、化石を展示している博物館がたくさんあります。まずは博物館へ出かけてその土地の成り立ちや展示してある岩石を眺め、目ならししてから野外へ出かけると理解が深まります。さらに企画展も多数ありますので出かけてみてください。

　以下に全国の代表的な博物館を紹介します。詳細はインターネットなどで調べてください。

- 北海道大学総合博物館
- 三笠市立博物館
- 夕張市石炭博物館
- 足寄動物化石博物館
- むかわ町立穂別博物館
- 青森県立郷土館
- 岩手県立博物館
- 久慈琥珀博物館
- スリーエム仙台市科学館
- 秋田県立博物館
- 秋田大学大学院国際資源学研究科附属 鉱業博物館
- 山形県立博物館
- 山形大学附属博物館
- 福島県立博物館
- 磐梯山噴火記念館
- いわき市石炭・化石館
- 産業技術総合研究所地質調査総合センター　地質標本館（つくば市）
- ミュージアムパーク 茨城県自然博物館
- 栃木県立博物館
- 木の葉化石園（那須塩原市）
- 大谷資料館（宇都宮市）
- 佐野市葛生化石館
- 群馬県立自然史博物館
- 浅間山北麓ビジターセンター
- 埼玉県立自然の博物館
- 埼玉県立川の博物館
- 千葉県立中央博物館
- 国立科学博物館
- 東京大学大学院総合文化研究科・教養学部 駒場博物館
- 伊豆大島火山博物館
- 神奈川県立生命の星・地球博物館
- 横須賀市自然・人文博物館
- 平塚市博物館
- 相模原市立博物館
- 新潟県立自然科学館
- フォッサマグナミュージアム（糸魚川市）
- 富山市科学博物館
- 富山県立山カルデラ砂防博物館
- 魚津埋没林博物館
- 石川県立尾小屋鉱山資料館
- 小松市立博物館
- 福井県立恐竜博物館
- 福井県年縞博物館
- 福井市自然史博物館
- 山梨宝石博物館

夕張市石炭博物館（現在、模擬坑道は見学できません）

千葉県立中央博物館（地学展示室）

神奈川県立生命の星・地球博物館

フォッサマグナミュージアム（巨大なヒスイ）

- 飯田市美術博物館
- 大鹿村中央構造線博物館
- 野尻湖ナウマンゾウ博物館
- 岐阜県博物館
- 中津川市鉱物博物館
- ストーンミュージアム 博石館（中津川市）
- 日本最古の石博物館（岐阜県七宗町）
- ふじのくに地球環境史ミュージアム
- 奇石博物館（富士宮市）
- 東海大学自然史博物館（静岡市）
- 名古屋大学博物館
- 名古屋市科学館
- 豊橋市自然史博物館
- 三重県総合博物館
- 滋賀県立琵琶湖博物館
- 益富地学会館（京都市）
- 大阪市立自然史博物館
- 兵庫県立人と自然の博物館
- 姫路科学館
- 和歌山県立自然博物館
- 岡山理科大学恐竜学博物館
- 鳥取県立博物館
- 奥出雲多根自然博物館
- 石見銀山資料館
- 山口県立山口博物館
- 美弥市立秋吉台科学博物館
- 美祢市化石館
- 徳島県立博物館
- 愛媛県総合科学博物館
- 別子銅山記念館
- 佐川町立佐川地質館
- 北九州市立いのちのたび博物館（自然史・歴史博物館）
- 直方市石炭記念館
- 佐賀県立博物館
- 佐賀県立宇宙科学館
- 長崎市科学館
- 雲仙岳災害記念館
- 熊本市立熊本博物館
- 阿蘇火山博物館
- 御船町恐竜博物館
- 天草市立御所浦白亜紀資料館
- 宮崎県総合博物館
- 鹿児島県立博物館
- 沖縄県立博物館・美術館

滋賀県立琵琶湖博物館

雲仙岳災害記念館（火砕流により被災した当時の様子をジオラマで展示）

阿蘇火山博物館（巨大な火山弾は圧巻！）

　また、安山岩(p.38)やチャート(p.84)など、名前は一緒でも見た目が違う岩石がたくさんあるので、石ころに詳しい専門家から教わって経験値を上げる必要があります。

　博物館では野外観察会を開催しているので、学芸員から直接教わると鑑定眼が上がりますよ。

研究員の話を熱心に聞く野外観察会参加者達（千葉県）

石割り体験イベント（千葉県立中央博物館）

石ころ博士をめざして

ジオパークへ行こう！

石ころ博士をめざして

　ジオ（地球）に親しみ、学ぶ旅（ジオツーリズム）を楽しむ場所がジオパークです。「岩石を知ることは、地球の成り立ちを知ること」ですが、ジオパークでは地球の成り立ちはもちろん、人と自然のかかわりについても学ぶことができます。日本では43地域の日本ジオパークが日本ジオパーク委員会によって認定され、そのうち9地域が世界ジオパークに加盟認定されています（2021年4月末現在：図中★マークは世界ジオパーク）。

　各地の特徴的な地質を見学できるように説明看板やガイドマップが充実しているだけでなく、現地の方々によるガイドツアーも行われています。気になる場所があったら出かけてみて、ジオツーリズムを楽しんで地球の成り立ちを体感して下さい。

　詳しくは日本ジオパークネットワークのホームページ（https://geopark.jp）や各ジオパークのホームページをご覧ください。

各地のガイドツアーが充実

今子浦（兵庫県香美町）

玄武洞（兵庫県豊岡市）

糸魚川－静岡構造線の露頭が保存されている

糸魚川（糸魚川－静岡構造線と日本最古のヒスイ文化）

山陰海岸（日本海形成に伴う多様な地形・地質・人々の風土と暮らし）

隠岐（日本列島の成り立ちを凝縮体験）

立山黒部（38億年×高低差4,000mのダイナミックな時空の物語）

白山手取川（山－川－海そして雪 いのちを育む水の旅）

萩（1億年に渡る多様なマグマの胎動と維新の地）

島根半島・宍道湖中海（出雲国風土記の自然と歴史に出会う大地）

恐竜渓谷ふくい勝山（国内最大の恐竜化石発掘地）

Mine秋吉台（カルスト台地に息づく地球と生命の歴史）

おおいた姫島（火山活動から20万年後の「人」「自然」「時間」を体感）

おおいた豊後大野（9万年前の阿蘇火山の巨大噴火と人々のかかわり）

南アルプス（中央構造線が語る地下深部と大地の歴史の物語）

室戸（海底で起こった様々な事件を物語る地層が露出）

南紀熊野（プレートが出合って生まれた大地と文化）

島原半島（火山と人間との共生）
火山活動による土石流で被災した家屋がそのまま保存されている

霧島（火山が育む自然とその恵み）

四国西予（日本列島誕生の鍵をにぎるといわれる黒瀬川構造帯）

桜島・錦江湾（世界的にまれな活火山との共生）

三島村・鬼界カルデラ（人と地球が共生する島）

火山活動が活発な桜島火山

阿蘇火山の中央火口

阿蘇（世界有数の巨大カルデラを体感）

石ころ博士をめざして

地面の石ころが全て黒曜岩！

白滝（日本最大の黒曜岩産地）
国有地であるため立入できない。黒曜岩の産地をバスツアーで訪ねる見学会を開催している

三笠（アンモナイト、石炭にまつわる人と自然のかかわり）

とかち鹿追（然別火山群と凍れの大地）

八峰白神（変化に富んだ地層の箱庭）

男鹿半島・大潟（7,000万年前から現在までの大地のドラマ）

鳥海山・飛島（日本海と大地がつくる水と命の循環）

下北（海と生きる「まさかり」の大地）

佐渡（3億年前から現在まで様々な時代へタイムスリップ）

栗駒山麓（ダイナミックな大地の変遷と文化遺産）

苗場山麓（雪に育まれた自然と歴史文化）

ゆざわ（鉱物、地熱、水資源を体感できるジオサイト）

浅間山北麓（破壊と再生がつなぐ人々の営み）

磐梯山（磐梯火山と人々の暮らし）

筑波山地域（関東平野に抱かれた山と湖）

下仁田（多様な大地の変動から古代人の足音まで）

秩父（日本地質学発祥の地）

箱根（箱根火山の形成を学ぶ）

伊豆半島（本州への衝突大事件など大地の営みを体感）

ジオサイトでの解説看板が充実している

伊豆大島（日本には数少ない玄武岩の活火山）

様似町役場のかんらん岩広場。多様なかんらん岩を見学でき、地球深部の様子を肌で感じることができる。

アポイ岳（世界でも類を見ない新鮮で多様なマントルの岩石・かんらん岩を体感）

噴火により被災した家屋がそのまま保存されており、見学ルートが整備されている

洞爺湖有珠山（火山活動により変動する大地との共生）

東日本大震災の大津波によって被災した岩手県宮古市田老町の「たろう観光ホテル」。津波の驚異を伝え、防災教育の場として保存・活用されている

三陸（5億年までたどれる大地の記憶が眠る場所）

銚子（"東洋のドーバー；屏風ヶ浦"で地球の歴史に出合う）

［日本ジオパークネットワークおよび各ジオパークのホームページを参考に著者が作成］

全国ジオグルメの旅

ジオパークのある地域には、大地の恵みや地質学的特徴を活かしたユニークな食べ物があります。ここで紹介するのはほんの一部です。現地でジオを体験しながらのグルメ旅はいかがでしょうか？

アポイ岳ジオパーク：抹茶とチョコのパウンドケーキと小石クッキー
（アポイ岳ジオパークビジターセンター提供）

緑色がまぶしくて本物のかんらん岩そっくりの「抹茶とチョコのパウンドケーキ」と、風化したかんらん岩の黄色をイメージした小石クッキー（カフェマザー、梅屋、ともに北海道様似郡）(p.61参照)

佐渡ジオパーク：ジオパスタ
（佐渡ジオパーク推進協議会提供）

パスタの中のハンバーグは枕状溶岩（練り込んだヒジキは水中火砕岩）を、溶けるチーズはマグマを表現。さらに地元の特徴的な地形でとれる特産品・岩海苔をトッピングし、人と自然との関わりを強調。食べながら小木半島の大地の歴史を学べる逸品。要予約。（茶房やました、新潟県佐渡市）

おいしそ〜！

下仁田ジオパーク：ジオこんにゃく

下仁田の川原に転がる小石を、白・黒・オレンジ・緑の4色のコンニャクで表している。石ころに見立てたコンニャクの固さは…？（土屋食品、群馬県甘楽郡）

銚子ジオパーク：琥珀あめ

世界で二番目に古いといわれる銚子の琥珀を、地元の醤油を使って見事に表現！1つぶが大きくて、ほおばるとしばらく口がきけませんのでご注意を (^_^)
（山口製菓舗、千葉県銚子市）(p.129参照)

石ころ博士をめざして

伊豆半島ジオパーク：ジオガシ旅行団によるジオ菓子®

パッケージには写真と成り立ちを2か国語で解説。巻物で地図がついており、お菓子には地元食材を使用。全部で9種あり。

↑ 伊豆半島・爪木崎の柱状節理をかたどったお菓子
↓ 爪木崎で見られる実際の露頭写真

↑ 伊豆半島・茅野 鉢窪山のスコリアをかたどったお菓子
↓ 鉢窪山で見られる実際の露頭写真

そっくりでびっくり！

山陰海岸ジオパーク：ジオバーグ

地元の但馬牛のハンバーグをはさんだ、その名も「ジオバーグ」
（Pain de "A"、兵庫県豊岡市）

室戸ジオパーク：付加体ケーキ
（室戸ジオパーク推進協議会提供）

これぞメランジュ！チョコレートとコーヒーの織り成す縞模様は砂岩泥岩互層を、生クリームはタービダイトを表している
（キッチンカフェ海土（かいど）、高知県室戸市）
（p.119参照）

いただきま〜す♪

阿蘇ジオパーク：マグマラーメン
（阿蘇ジオパーク推進協議会提供）

阿蘇ジオパークブランド

丼をカルデラに見立て、阿蘇五岳をイメージしたラーメン。
焼き豚：阿蘇五岳、白ネギ：中岳の噴煙、松の実：焼けた噴石、煮玉子：冷えかけの噴石、白木くらげ：灰になった樹木、糸唐辛子：噴火時の雷、特製ラー油：溶岩の流れ、くこの実：赤く焼けた噴石…と、火山を細密に再現！（マグマ食堂、熊本県阿蘇郡）

159

著者からのメッセージ

私の知り合いの小学校の先生から、「子供たちを川原に連れて行って石ころを見せたいのはやまやまだが、「これ何岩？」と聞かれて答えられないのがいやなので、連れて行くのがはばかられる」というお話を伺ったことがあります。そのような理由で、子供たちが石ころと接する機会を失うことが多いとすれば、たいへんもったいなく、悲しいことです。本書はそれを少しでも解消したいという思いもあって、執筆することにしました。この本で、すべての石ころの名前がわかるわけではないでしょう。そもそも、自分でもわからない石はけっこうあります。石に名前をつけるのは、難しいのです。そのことを、正直に話して、一緒に考えてみてはどうでしょうか。本書が、その1つのきっかけになればと思います。石ころは美しく、また背後にダイナミックな地球の動きが隠されています。興味を持てば、世界は無限に広がります。ぜひ、実際に石ころを手にとって、その声なき声に耳を傾けていただきたいと思います。

（高橋直樹）

←原案当時の石ころくんと
↓館行事常連者からいただいた「石ころくん」フェルト人形

この本を制作中の2011年3月11日に東北太平洋沖地震を自宅で体験しました。立っていられず家が倒れてしまうぐらいの揺れ、当時5才の長男・響介が「早く、ふつうの生活にもどりたい…」と涙を浮かべて私の腕の中でつぶやきながら津波を恐れた夜、地震から2日後に自宅に近い九十九里浜を歩いたときの津波の爪痕（偶然にも地震発生の3時間前に海岸を撮影していました！）、もし今、津波が来たら…という緊張感、原発事故の顛末…いまだに僕の脳裏に焼き付いています。自然の猛威に人間が為す術のないことを痛切に感じました。でもこの地震をきっかけに、自然現象に対する関心が高まってきたことは確かです。みなさんが生活している足元に目を向けることが、自然現象を理解する第一歩だと僕は考えてこの本を作りました。まずは公園やビル、学校で使われている石材を見に野外へ出かけてみましょう！

（大木淳一）

津波の引き波で削られた九十九里浜

参考になる本・調査道具の入手先など

　書店には石ころに関する図鑑や専門書がずらっと並んでいます。ここではその一部を紹介します。
　「この図鑑1冊だけ素晴らしい！」というのはありません。図鑑によって個性があるので、良いところがそれぞれ異なります。いろいろな図鑑を使ってみることをおすすめします。

■参考になる本

【まずは石のことを知りたい！〜初心者向け】
- 「川原の石ころ図鑑」 渡辺一夫　ポプラ社
- 「海辺の石ころ図鑑」 渡辺一夫　ポプラ社
- 「日本列島大地まるごと大研究1　川・石ころの大研究」 平田大二・渡辺一夫　ポプラ社
- 「日本列島大地まるごと大研究2　地層の大研究」 平田大二・渡辺一夫　ポプラ社
- 「集めて調べる川原の石ころ—名前・特徴・地質がわかる」 渡辺一夫　誠文堂新光社
- 「採集して観察する海岸の石ころ—種類・成り立ち・地質・地層を調べる」 渡辺一夫　誠文堂新光社
- 「石ころ採集ウォーキングガイド」 渡辺一夫　誠文堂新光社
- 「日本の石ころ標本箱」 渡辺一夫　誠文堂新光社
- 「地球の石ころ標本箱：世界と日本の石ころを探して」 渡辺一夫　誠文堂新光社
- 「中公新書ラクレ　素敵な石ころの見つけ方」 渡辺一夫　中央公論新社
- 「ひとりで探せる川原や海辺のきれいな石の図鑑1・2」 柴山元彦　創元社
- 「こどもが探せる川原や海辺のきれいな石の図鑑」 柴山元彦・井上ミノル　創元社
- 「世界のおもしろ地形—その不思議な姿のナゾに迫る！」 白尾元理　誠文堂新光社
- 「かわらの小石の図鑑」 千葉とき子・斎藤靖二　東海大学出版会
- 「小学館の図鑑NEO　岩石・鉱物・化石」 小学館
- 「ポケット版学研の図鑑7　鉱物・岩石」 学研
- 「必携・鉱物鑑定図鑑」 藤原卓　白川書院
- 「たのしい鉱物と宝石の博物事典」 堀秀道　日本実業出版社
- 「街の中でみつかる「すごい石」」 西本昌司　日本実業出版社
- 「ブルーバックス　三つの石で地球がわかる」 藤岡換太郎　講談社
- 「ブルーバックス　山はどうしてできるのか」 藤岡換太郎　講談社
- 「ブルーバックス　川はどうしてできるのか」 藤岡換太郎　講談社

【勉強したいあなたに〜中・上級者向け】
- 「原色岩石図鑑」 益富壽之助　保育社
- 「検索入門　鉱物・岩石」 豊遙秋・青木正博　保育社
- 「日本の岩石と鉱物」 通商産業省工業技術院地質調査所（編）　東海大学出版会
- 「国立科学博物館叢書⑦　鉱物観察ガイド」 松原聰（編著）　東海大学出版会
- 「鉱物結晶図鑑」 野呂輝雄（編著）・松原聰（監修）　東海大学出版会
- 「地球全史　写真が語る46億年の奇跡」 清川昌一・白尾元理　岩波書店
- 「薄片でよくわかる岩石図鑑」 チームG編　誠文堂新光社
- 「岩石学Ⅰ　偏光顕微鏡と造岩鉱物」 都城秋穂・久城育夫　共立出版
- 「岩石学Ⅱ　岩石の性質と分類」 都城秋穂・久城育夫　共立出版
- 「偏光顕微鏡と岩石鉱物　第2版」 黒田吉益・諏訪兼位　共立出版
- 「記載岩石学—岩石学のための情報収集マニュアル」 周藤賢治・小山内康人　共立出版
- 「新版地学事典」 地学団体研究会　平凡社
- 「ご地層の話—地層観察・地質調査・露頭保存の重要性を唱えつつ—」 徳橋秀一　実業公報社
- 「絵でわかる日本列島の誕生」 堤之恭　講談社
- 「絵でわかるプレートテクトニクス　地球の進化に挑む」 是永淳　講談社

■調査道具について

　ハンマー、ルーペ、クリノメーターなど、石ころ調査に必要な道具は専門店で取り扱っております。以下におもな専門店を紹介します。

- （株）ニチカ　　http://www.nichika-kyoto.com
- （株）大江理工社　https://www.oheriko.co.jp
- （株）東京サイエンス　https://www.tokyo-science.co.jp

※AmazonやYahooなどの通販サイトでも購入は可能ですが、購入者のニーズに合わせた詳しい説明は受けられませんのでご注意ください。

■本書執筆にあたり参考にした文献等

- 荒巻重雄（1979）火山砕屑物と火山岩. 岩波講座地球科学7火山. 岩波書店. 142-153.
- 地学団体研究会編（1996）新版地学事典. 平凡社.
- 日本地質学会編（2004）地質学用語集—和英・英和—. 共立出版.
- Fisher, R. V. (1966) Rocks composed of volcanic fragments and their classification. Earth Science Review, 1, 287-298.
- 藤本光一郎・重松紀生・大谷具幸（2004）内陸の地震発生域を見る—断層深部の物質科学. 地質ニュース. (597). 17-20. 産業技術総合研究所　地質調査総合センター.
- 福岡正人（2009）なぞの金属・レアメタル. 技術評論社.
- 橋本光男（1987）日本の変成岩. 岩波書店.
- 廣瀬敬（2014）高温高圧の環境をつくり出した地球の内部構造の謎に挑む. 「milsil」. 国立科学博物館.
- 井上厚行（1992）偏光顕微鏡と鉱物の光学的性質.「地球環境の復元」. 208-218. 朝倉書店.
- 加賀美英雄・塩野清治・平朝彦（1983）南海トラフにおけるプレートの沈み込みと付加体の形成.「科学」. 53. 429-438. 岩波書店.
- Le Maitre, R. W. (ed.)(2002) Igneous Rocks:A Classification and Glossary of Terms. Cambridge University Press.
- 都城秋穂・久城育夫（1972）岩石学Ⅰ　偏光顕微鏡と造岩鉱物. 共立出版.
- 日本列島の地質編集委員会編（2002）理科年表読本　コンピューターグラフィックス　日本列島の地質CD-ROM版. 丸善.
- Raymond, L. A. (1984) Classification of melanges. In Raymond, L. A. (ed.), Melanges:Their Nature, Origin, and Significance. Geological Society of America Special Papers, (198), 7-20.
- 高橋直樹・荒井章司・新井田秀一（2012）房総半島嶺岡帯の地質及び構造発達史. 神奈川博調査研報（自然）. (14). 25-56.
- 卜部厚志・片岡香子（2013）苗場山山頂の湿原堆積物に挟在するテフラ層. 第四紀研究. 52(6). 241-254.

用語解説 (50音順)

【あ】		参照頁	解説
圧密	あつみつ	68	未固結の堆積物がその上にたまった堆積物の重さで圧縮されて体積が減少すること。
アミグデュール			→p.34、106
安定大陸	あんていたいりく	66	長い地質時代の間、プレートの変動の影響を受けていないため、風化浸食によって平坦になった地域。現在の変動帯は安定大陸を取り巻くように分布している。
【い】			
異質岩片	いしつがんぺん		→p.87
【え】			
液相濃集元素	えきそうのうしゅうげんそ		→p.6、54
SiO_2		7、35	→シリカ
塩基性(岩石)	えんきせい(がんせき)		→p.61
【お】			
お供え餅型火山	おそなえもちがたかざん		→p.42、43
オフィオライト		58、60	上部マントルから海洋地殻にかけた一連の層序がみられる岩体のこと。下位から、かんらん岩、層状斑れい岩、ドレライト岩脈群、玄武岩(枕状溶岩)、遠洋性堆積岩(チャート、石灰岩など)で構成される。
【か】			
海溝	かいこう	4、119	大陸縁や島弧の海洋側にみられる、大洋底より深い溝状の地形のこと。海洋プレートが大陸プレートの下に沈み込む境界。
海溝付加体	かいこうふかたい	4、119	→付加体
海山	かいざん		→p.5、106
海洋島	かいようとう		→p.5、106
カオリナイト		76	粘土鉱物の一種。火山岩中の熱水変質鉱物として、また、雲母・長石・火山ガラスなどの風化物として堆積岩や土壌中に産する。焼き物、製紙原料、顔料などに利用される。
火砕流	かさいりゅう	40、92	火山噴火において、高温の本質的な火山砕屑物と空気や火山ガスの混ざり合ったものが、おもに重力によって高速に地表を流下する現象のこと。
火山ガラス	かざんがらす		→p.86、88
火山岩塊	かざんがんかい		→p.86
火山岩尖	かざんがんせん		→p.42、43
火山砕屑物	かざんさいせつぶつ		→p.86
火山前線	かざんぜんせん	56	→火山フロント
火山弾	かざんだん		→p.86
火山灰	かざんばい		→p.86、88
火山フロント	かざんふろんと	56	日本列島などのプレートが沈み込む地域の島弧(または陸弧)において、海溝と平行に見られる火山分布域の海溝側の境界線のこと。プレートの沈み込みがある深さ(約110km)に達しないと、マグマが発生しないために生じる。
火山礫	かざんれき		→p.86、90

【か】		参照頁	解説
火道	かどう	33、46	マグマが地表へ噴出する時の通り道。
ガラス質	がらすしつ	30、38、44	岩石または石基が非晶質のガラスからできている状態。
軽石	かるいし	→p.22、35、86、94、144	
カルスト地形	かるすとちけい	82	石灰岩地域において、酸性の雨水によって溶融することで地表や地下に形成された凹凸の激しい地形のこと。
カルデラ		→p.42、92、156	
岩床	がんしょう	33、46	マグマが地層面に対してほぼ平行に貫入して固結した岩体のこと。地層面に対して斜交して貫入したものは岩脈。
干渉色	かんしょうしょく	29	結晶内で複屈折を起こした光が、結晶を出て、さらに上位の偏光板(アナライザー)を通過する際に、合成されることによって見えてくる色のこと。合成によって特定の波長の光が減衰することにより、その補色の色が現れる。
岩石薄片	がんせきはくへん	28	偏光顕微鏡で岩石の組織や構成鉱物を観察するために作製するプレパラートのこと。スライドガラスに岩石を貼り付けて、厚さを0.03mmまで薄く研磨する。
岩体	がんたい	52	ある規模でまとまっている岩石の塊のこと。
岩盤	がんばん	128	岩石からできている地盤のこと。
岩脈	がんみゃく	33、46	マグマが岩石または地層中に高角度で貫入して固まった板状の岩体。
【き】			
基質	きしつ	→p.72、120	
球顆	きゅうか	42、44	流紋岩やガラス質火山岩中に産する球体や楕円体の物質で、石英やクリストバル石などの細粒の結晶の集合体からなる。しばしば同心円状の構造が認められる。
級化構造	きゅうかこうぞう	→p.88	
偽礫	ぎれき	74	未固結または半固結状態の堆積物が土石流などによって削り取られ、ほぼ同時代の堆積物中に取り込まれたもの。
【く】			
苦鉄質	くてつしつ	→p.60、64	
【け】			
珪化木	けいかぼく	→p.129	
珪酸塩鉱物	けいさんえんこうぶつ	7、30	おもに珪素と酸素を主体とする鉱物のこと。両者が結びついた結晶構造によって①ネソ珪酸塩鉱物(かんらん石、ざくろ石など)、②ソロ珪酸塩鉱物、③サイクロ珪酸塩鉱物、④イノ珪酸塩鉱物(輝石、角閃石など)、⑤フィロ珪酸塩鉱物(雲母、蛇紋石など)、⑥テクト珪酸塩鉱物(石英、長石など)に分けられる。
珪素	けいそ	6	元素記号「Si」。地殻では酸素の次に多く存在し、石英、長石などの造岩鉱物を構成する主要な元素。
珪藻	けいそう	79	植物プランクトンの一種で、淡水から海水まで幅広く分布する。殻は石英質で硬く化石としても産出する。
珪藻土	けいそうど	79	主として珪藻の殻からなる軟質岩石または土壌のこと。保温材、ろ過材、吸着剤、七輪などに活用される。
珪長質	けいちょうしつ	→p.60	

用語解説

【け】		参照頁	解説
結晶系	けっしょうけい	54	結晶は、それを構成する原子配列（原子がつくる骨組み）の対称性によって、①等軸晶系（立方晶系）、②正方晶系、③直方晶系（斜方晶系）、④単斜晶系、⑤三斜晶系、⑥六方晶系、⑦三方晶系（菱面体晶系）に分類される（ただし⑦は⑥に含まれる場合がある）。これを結晶系という。

結晶軸は結晶の形や面、結晶内の方向を一般に a 軸、b 軸、c 軸で表す。慣習として a 軸は結晶の前後の軸、b 軸は結晶の左右の軸、c 軸は結晶の上下方向の軸を表し、各軸の角度を軸角という（軸の長さが同じ場合は a 軸で表記）。

等軸（立方）晶系

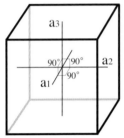

3本の結晶軸の長さが同じで互いに直交している。ダイヤモンド、岩塩、蛍石、黄鉄鉱、ざくろ石など。

正方晶系

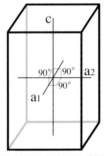

結晶軸のうち1本だけ長さが異なり、互いに直交している。ジルコンなど。

直方（斜方）晶系

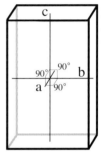

3本の結晶軸の長さが異なり、互いに直交している。かんらん石、紅柱石など。

単斜晶系

三斜晶系

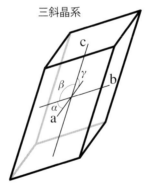

六方晶系

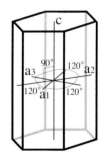

3本の結晶軸の長さが異なり、軸角のうち1つが直角でないもの。正長石など。

3本の結晶軸の長さが異なり、それぞれが斜交する。トルコ石、ばら輝石など。

4本の結晶軸のうち3本が同じ長さで120°で交わる。c軸はこれらと直交する。エメラルド、燐灰石、水晶、方解石、コランダムなど。

【こ】		参照頁	解説
鉱床	こうしょう	94、133	人間生活に有効な金属などを含む特定の鉱物が濃集している部分をいう。マグマ性鉱床、熱水鉱床、スカルン鉱床、堆積鉱床など濃集する要因はさまざま。
鉱物	こうぶつ		→p.6、17、30、132

		参照頁	解説
【さ】			
砂岩泥岩互層	さがんでいがんごそう	70、120、145	砂岩と泥岩が交互に堆積している地層のこと。
ざくろ石	ざくろいし	54、103、105、115	等軸晶系の珪酸塩鉱物の一種。いろいろな種類があり、組成は$X_3Y_2(SiO_4)_3$と表現され、Xには2価の陽イオン、Yには3価の陽イオンが入る。本書に登場するざくろ石の多くは鉄ばんざくろ石($Fe_3Al_2(SiO_4)_3$)である。なお、灰ばんざくろ石($Ca_3Al_2(SiO_4)_3$)は、XにFeの代わりにCaが入ったものである。ちなみに'ばん(礬)'とはアルミニウム(Al)のことである。
酸性(岩石)	さんせい(がんせき)		→p.61
【し】			
CCD		81	→炭酸カルシウム補償深度(Calcium carbonate Compensation Depth)
自形	じけい		→p.32、51
縞状構造	しまじょうこうぞう		→p.96、98
斜消光	しゃしょうこう	30	偏光顕微鏡の直交ポーラーによる岩石薄片の観察において、自形を示す鉱物の伸張方向が斜めになった位置で消光すること。
褶曲	しゅうきょく	21、97	地層がある力を受けて波状に変形すること。地質図上に現れる大きな褶曲から、露頭規模、手のひらサイズの小さな褶曲までさまざまである。
消光	しょうこう	29	偏光顕微鏡の直交ポーラーによる岩石薄片の観察において、1つの鉱物粒子が特定の向きで暗黒になること。鉱物中で複屈折を起こした2つの偏光(互いに直交)の振動方向のどちらかがアナライザーの振動方向に一致する場合に起こることから、ステージを1回転(360度)する間に、90度ごとに4回消光する。
鍾乳洞	しょうにゅうどう	115、138	石灰岩などの炭酸塩岩の割れ目や層理面に地下水が侵入し、溶解することでできあがった洞穴のこと。
シラス台地	しらすだいち	92	九州南部に分布する巨大カルデラ噴火に伴う大規模な火砕流堆積物、降下軽石堆積物やこれらの二次堆積物からなる台地のことをいう。シラス台地は水はけが良いため水不足に悩まされたり、台風などの豪雨時は崩壊が発生しやすい。
シリカ		7、35	二酸化珪素。SiO_2
真珠状構造	しんじゅじょうこうぞう	44	真珠岩などのガラス質火山岩中に生じた、タマネギの断面のような形をした多数の割れ目状構造のこと。
【す】			
スカルン鉱物	すかるんこうぶつ		→p.115
スコリア		22、86	発泡して穴が多く認められる暗色系の火山砕屑物。玄武岩～安山岩質マグマが発泡してできたもの。岩滓(がんさい)ともいう。
砂時計構造	すなどけいこうぞう	107	チタン(Ti)を多く含む単斜輝石(チタン普通輝石)によく見られる構造で、結晶の方向によってチタン(およびアルミニウム(Al)、クロム(Cr))元素の付着しやすさが異なることから、結晶中でこれらの元素の濃度の濃い部分と薄い部分が明瞭に分かれることでつくられる。とくに結晶の成長速度が速い場合によくできる。「セクター累帯構造(セクターゾーニング)」とも呼ばれる。ちなみに、斜長石などによく見られる累帯構造は「同心円状累帯構造」である。
スパター			→p.86
【せ】			
生痕化石	せいこんかせき		→p.76
脆性破壊	ぜいせいはかい	118	岩石が流動的変形を行うことなく破壊されること。
成層火山	せいそうかざん		→p.38

用語解説

【せ】		参照頁	解説
石基	せっき		→p.20、32
ゼノリス（捕獲岩）	ぜのりす（ほかくがん）		→p.57、60
剪断（力）	せんだん（りょく）	27、62	物体内部の引っ張りまたは圧縮する力に対して、ある面の両側を互いにずれさせるような力のこと。
剪断変形	せんだんへんけい	63、120	剪断力の作用によって変形すること。

【そ】			
造岩鉱物	ぞうがんこうぶつ		→p.6、30
双晶	そうしょう		→p.114
層理	そうり	70	砂岩泥岩互層などの地層ができる時に生じる、堆積する物質の違いによる層状の構造。上下の物質の異なる面を層理面と呼ぶ。層理が斜めに交差する場合は斜交層理。
続成作用	ぞくせいさよう	68、78	未固結の堆積物がより固い岩石に変化していくこと。物理的、化学的、生物学的要因などさまざまな作用を受けて固結する。
塑性変形	そせいへんけい	118	力を加えて変形させた後、外力を取り去っても残る変形のこと。

【た】			
タービダイト			→p.69、74
大陸	たいりく	52、56、102	ユーラシア、アフリカ、北アメリカ、南アメリカ、オーストラリア、南極などの大きな陸のことをさすが、地質学的には花崗岩質の地殻を有する場所で、大陸棚も含まれる。
他形	たけい		→p.51
多色性	たしきせい	29、30	偏光顕微鏡の下方ポーラーのみによる岩石薄片の観察において、1つの鉱物粒子が方向によって色が変化すること。
楯状火山	たてじょうかざん		→p.36、37
玉ねぎ状風化	たまねぎじょうふうか	47	タマネギの皮をむいたような形で同心円状にはがれるように風化した状態のこと。花崗岩、安山岩、玄武岩、ドレライト、泥岩、凝灰岩などにみられる。
断口	だんこう		→p.44、79
炭酸カルシウム補償深度	たんさんかるしうむほしょうしんど	81	海中で炭酸カルシウムなどの炭酸塩鉱物が溶けずに堆積・沈殿し得る最大深度のこと。これより深いと溶けてしまうため、有孔虫などの石灰質な殻をもつプランクトンは溶けてなくなってしまう。CCD
断層ガウジ	だんそうがうじ	119、122	断層運動による破砕で生じた細粒または未固結の断層内物質のこと。断層粘土ともよばれる。

【ち】			
中央構造線	ちゅうおうこうぞうせん	118、122	九州〜近畿まで日本列島を縦断し中部地方で北東へ屈曲し、糸魚川-静岡構造線で断ち切られる大断層。関東山地や関東平野地下まで続いており、総延長は1000kmを超えている。
柱状節理	ちゅうじょうせつり		→p.93、144、145、159
直消光	ちょくしょうこう	30	偏光顕微鏡の直交ポーラーによる岩石薄片の観察において、自形を示す鉱物の伸張方向が垂直および水平になった位置で消光すること。

【つ】			
釣り鐘型火山	つりがねがたかざん		→p.42、43

		参照頁	解説
【て】			
転石	てんせき	57	河川や海岸の露頭から、崩壊や土石流などで移動してきた岩石。ある地域の地質を知るための目安となり得る。ただし、巨石の場合、露頭との区別に注意を要する場合がある。さらに、護岸工事などで人為的に持ち込まれる場合もある。
【と】			
島弧	とうこ	52、56	プレートの沈み込みに伴う火成活動や地盤の隆起によって形成された、海溝の陸側にある、弧を描いたような弓状に連なった島のこと。背弧側に縁海を伴う場合を島弧、伴わない場合は陸弧という。
等軸晶系	とうじくしょうけい	54	→結晶系
等粒状組織	とうりゅうじょうそしき		→p.50
【な】			
縄状溶岩	なわじょうようがん		→p.37、139
南部フォッサマグナ地域	なんぶふぉっさまぐなちいき	110	→フォッサマグナ
【に】			
二酸化珪素	にさんかけいそ	7、35	→シリカ
【ね】			
ネオジム磁石	ねおじむじしゃく	8、24	レアアース元素の1つのネオジム(Nd)および鉄、ホウ素からなる磁石で、永久磁石として最も強力。
熱水	ねっすい	22、94	地球内部で発生した高温の水のこと。①地下水や雨水が地下にしみこんで地球内部の温度で熱せられた、②地下のマグマが冷える過程や変成作用で発生した、③プレートが沈み込んでそこから絞り出されたことなどで生成される。熱水溶液ともいう。
熱水変質作用	ねっすいへんしつさよう	22、94	熱水によって周囲の岩石や鉱物が熱水と化学反応を起こし、違う岩石や鉱物に変化すること。
粘土鉱物	ねんどこうぶつ	76、88	粘土を構成する鉱物の総称で、微細な鉱物の集合体として産する。
【は】			
パーカッションマーク			→p.84、85
パーサイト組織	ぱーさいとそしき		→p.53、67
バブルウォール型(の火山ガラス)	ばぶるうぉーるがた	86	火山ガラスの形状の一種で、電球を割ったような形のものを指す。この他、繊維を束ねたような「軽石型」がある。この形状の違いは火山灰の同定において重要なポイントの1つとなっている。
斑晶	はんしょう		→p.32、34、86
斑状組織	はんじょうそしき		→p.32
【ふ】			
フォッサマグナ		110	ラテン語で「大きな溝」を意味するように、本州中央部を南北に横断する大きな溝のこと。西は糸魚川-静岡構造線で区切られる。また、八ヶ岳付近で南部フォッサマグナと北部フォッサマグナに分けられる。明治初期の招へい外国人教師であるナウマンが命名。
付加体	ふかたい	4、82、84、106、110、119、120	大陸プレートの下に海洋プレートが沈み込むときに、海洋プレートを構成する堆積物や岩石がはぎ取られ、陸からの堆積物と一緒に大陸側に押しつけられて付加したもの。

用語解説

		参照頁	解説
【ふ】			
複屈折	ふくくっせつ	23、29	結晶内に入り込んだ光（偏光）が、速度および屈折率の異なる2つの光に分かれること。
沸石	ふっせき	88	カルシウム、ナトリウム、アルミニウムなどの含水珪酸塩鉱物で、加熱すると水を放出し、空洞のある結晶となる。この空洞に入る物質を吸着でき、硬質から軟水にするなど様々な用途に利用される。「ゼオライト」（沸石の英語名）という名称でも呼ばれる。沸石の仲間は50種類以上ある。
プレート境界	ぷれーときょうかい	60	2つのプレートが接する部分で、①離れる境界（中央海嶺）、②近づく境界（海溝、衝突帯）、③横にずれる境界（トランスフォーム断層）の3つのタイプがある。②の境界ではとくに激しい地球科学現象が生じ、その周辺地域は変動帯と呼ばれる。
プレート・テクトニクス		5	地球の表面が厚さ100kmほどの固い岩盤（プレート）が十数枚集まってできており、これらがぶつかって沈み込んだり、引っ張られることで、火山活動や断層など地球上でさまざまな現象が生じるとする考えのこと。
【へ】			
劈開	へきかい	62、114	①結晶を割ると結晶構造に応じてある方向に割れる。これを劈開という。②変形作用によって岩石に生じた面構造。
ペレーの毛	ぺれーのけ	→p.86	
ペレーの涙	ぺれーのなみだ	→p.86	
偏光	へんこう	28	進行方向に垂直なある1つの方向にのみ振動する光。通常の光は進行方向に垂直なさまざまな方向に振動する光を含んでいる。
偏光顕微鏡	へんこうけんびきょう	→p.28	
変成鉱物	へんせいこうぶつ	96	変成作用（堆積岩や火成岩が地下の深いところで、それができた時と異なる温度圧力を受けて固体のまま異なる岩石や鉱物に変化する現象）でできた鉱物のこと。
変動帯	へんどうたい	66	現在または過去において、地殻変動や地震活動が活発な地帯のこと。プレート境界地帯に多くみられる。
片麻状組織	へんまじょうそしき	→p.102	
片理	へんり	→p.96、98	
【ほ】			
捕獲岩	ほかくがん	→p.57、60	
ホットスポット		5、106	マントルの奥深くからマグマが沸き起こってくる所のことで、プレートの動きとは関係なく、ほぼ固定されている。そのために、プレートが動くにしたがって、ハワイ諸島のように火山島の列がどんどんつくられていく。
本質岩片	ほんしつがんぺん	→p.87、90	
【ま】			
マイクロライト		44	火成岩中の微小な針状または短冊状結晶。
マグマ		32、35	地下の岩石が高温で溶けた液体のこと。液体の状態で火口から流れ出たものが溶岩。
マグマだまり		33、34	地下から上昇したマグマが、ある深さで一時的に休止する場所。
枕状溶岩	まくらじょうようがん	→p.37、106、139、145	
マサ		→p.53、55	

【ま】		参照頁	解説
マサ土	まさど・まさつち	→p.53	
マトリックス（基質）	まとりっくす（きしつ）	→p.72	
マリンスノー		→p.81	
マントル		→p.4、21、60	
【む】			
無色鉱物	むしょくこうぶつ	7、52	造岩鉱物のうち無色透明または白色の鉱物のこと。珪長質鉱物、フェルシック鉱物ともいう。石英や長石の仲間などがある。
【も】			
モンモリロナイト		76	粘土鉱物の一種。酸性火山岩・火山砕屑岩の熱水変質や風化によって生成される。
【ゆ】			
有色鉱物	ゆうしょくこうぶつ	7、52	造岩鉱物のうち無色透明または白色でない鉱物のこと。苦鉄質鉱物、マフィック鉱物ともいう。黒雲母、角閃石の仲間、輝石の仲間、かんらん石、磁鉄鉱などがある。
【よ】			
溶岩	ようがん	33、35	地下でできたマグマが火山活動で地表に噴出したもの。
溶岩円頂丘	ようがんえんちょうきゅう	→p.42、43	
溶岩餅	ようがんもち	37、86	火口から吹き上がった高温の火山噴出物が、まだ固結する前に地面にたたきつけられてつぶれたもの。
葉理	ようり	70	一つの地層（単層）の内部にみられる縞状の構造のこと。
【り】			
流理構造	りゅうりこうぞう	32、42	①火山岩（とくに流紋岩）に肉眼で見える縞状模様。溶岩が冷却しつつ流動する際に、マグマの化学組成や晶出した鉱物の比重などの違いによって分別が働いて生じると考えられる。②顕微鏡下において火山岩（おもに玄武岩〜安山岩）を構成する鉱物粒子（とくに石基の斜長石）が方向性を持って配列した組織。溶岩が冷却しつつ流動する過程で、晶出した結晶がマグマの流動の作用により配列するか、あるいは溶岩体の自重によって全体が上下方向に押しつぶされるために配列することで生じると考えられる。
【る】			
類質岩片	るいしつがんぺん	→p.87、90	
累帯構造	るいたいこうぞう	67、裏表紙見返し	結晶の中心から縁に向かって同心円状に見える構造のこと。マグマだまり内で結晶が成長する時の組成変化などで生じる。
【れ】			
レアメタル鉱物	れあめたるこうぶつ	6、54	リチウム、バナジウム、コバルト、モリブデン、テルル、希土類元素などの希少金属47種がレアメタルとして定義され、それらを含む鉱物のこと。先端技術を支える原料として注目されているが、存在量が少なく、抽出も困難なため高価格である。
礫	れき	131	粒子の直径が2mm以上の砕屑物のこと。
【ろ】			
露頭	ろとう	→p.13、142、144	

岩石・鉱物名索引 (※太字は岩石種のメイン解説頁)

ア アエンデ 124, 125
　赤みかげ 66
　アクチノ閃石 7, 31, 106
　芦野石 93
　アスベスト 63
　アプライト **54, 55**
　アルカリ玄武岩 130
　アルカリ長石 7, 66, 67
　アルカリ長石花崗岩 67, 130
　安山岩 12, 20, 32, **38, 39**, 87, 134
　アンホテライトLL-5 125

イ 硫黄 132
　イタコルマイト 22
　イミラック 124
　隕石 27, **124, 125**
　隕石衝突岩 **124, 125**
　隕鉄 124

ウ ウエブステライト 65
　ウレキサイト 23

エ 塩基性片岩 98

オ 黄鉱 133
　黄鉄鉱 132
　大谷石 10, 94, 95
　オンファス輝石 108

カ 灰ばんざくろ石 7, 115
　カオリナイト 76
　化学岩 26, **80**, 81
　化学的堆積岩 26, 80
　角閃岩 **104, 105**
　角閃石岩 **64**, 65
　角礫岩 72
　花崗岩 10-12, 16-18, 20, **52, 53**, 123, 135
　花崗閃緑岩 12, **52, 53**
　花崗斑岩 **48, 49**
　火山岩 26, **32-35**, 131
　火山砕屑岩 27, **86, 87**
　火山豆石 89
　火山礫凝灰岩 87, **90, 91**
　火成岩 26, 130, 131
　化石 71, **128, 129**
　カタクレーサイト 119, **122, 123**
　滑石 22
　カリ長石 7, 18, 31, 52, 53, 55, 56
　軽石 22, 35, 86, 90, 94, 144
　岩塩 80
　かんらん岩 13, 18, 21, **60, 61**, 158
　かんらん石 7, 21, 30, 36, 59, 60

キ 輝岩 **64, 65**
　ギベオン 124
　キュムレート 58
　凝灰角礫岩 87
　凝灰岩 22, 27, 87, **88, 89**, 134
　凝灰質砂岩 89
　凝灰質泥岩 89
　玉髄 128
　玉滴石 23

　輝緑凝灰岩 106
　菫青石 31, 111, 112

ク 苦鉄質片岩 98
　グラニュライト 4, 103
　クリストバル石 44
　クリソタイル 63
　クリノパイロキシナイト 64
　黒雲母 7, 31
　黒雲母片岩 98
　黒鉱 94, 133
　黒みかげ 66

ケ 珪亜鉛鉱 23
　珪灰石 127
　珪化木 129
　珪岩 **116, 117**
　蛍光鉱物 23
　珪酸塩鉱物 7, 30
　珪質頁岩 **79**
　珪質泥岩 79
　珪線石 31
　珪藻質泥岩 79
　珪藻土 79
　頁岩 **78**
　結晶質石灰岩 110, **114, 115**
　結晶片岩 21, 27, 97, **98, 99**, 117, 135
　玄武岩 13, 24, 26, 34, 35, **36, 37**, 87, 134, 139, 142, 149, 157

コ 広域変成岩 27, **96, 97**
　高温変成岩 4
　鉱滓 124, 127
　鉱石 133
　紅柱石 31, 113
　紅れん石片岩 99
　黒色片岩 98
　黒曜岩 26, **44, 45**, 157
　黒曜石 44
　琥珀 129, 158
　コンクリート 73, 127
　コンドリュール 124, 125
　コンニャク石 22

サ 砕屑岩 26, **68-71**, 131
　細粒凝灰岩 136
　砂岩 13, 20, 26, 68, 70, 71, **74, 75**, 131, 135, 143, 145
　ざくろ石 7, 31, 54
　砂質泥岩 71
　砂質片岩 22, 97, 98
　砂質ホルンフェルス 112

シ 紫蘇輝石 39
　磁鉄鉱 7, 31
　ジャスパー 128
　斜長石 7, 18, 31, 38, 40, 42, 44, 46, 50, 52, 56, 58, 66, 67, 90, 104, 106, 122, 134
　斜方輝岩 64
　斜方輝石 7, 21, 30, 60, 62, 64
　蛇紋岩 12, 13, 18, **62, 63**
　蛇紋石 62
　集積岩 58, 64

170

シュードタキライト 119
松脂岩 **44**, **45**
白河石 93
ジルコン 7, 31
シルト岩 76, 131
白雲母 7, 31
白雲母片岩 98
白石綿 63
真珠岩 **44**, **45**
深成岩 26, **50**, **51**, 130
ス 水晶 117, 128, 132
　スカルン（鉱物） 115
　スコリア 22, 90
　スピネル 31
　スフェーン 31, 109
　スラグ 124, 127
　スレート **100**, **101**
セ 生物岩 26, **80**, **81**
　石英 7, 18, 20, 31, 42, 117, 128, 132, 136
　石英安山岩 40
　石英閃長岩 67
　石英閃緑岩 26, 50, **56**, **57**, 135, 142
　石質隕石 124, 125
　赤色泥岩 20, 85
　石炭 129
　石鉄隕石 27, 124
　石灰岩 10, 26, 80, **82**, **83**, 110, 136, 138, 143
　石膏 132
　接触変成岩 27, 96, **110**, **111**
　閃長岩 **66**, **67**
　千枚岩 **100**, **101**, 143
　閃緑岩 11, **56**, **57**
　閃緑斑岩 **48**, **49**
ソ 曹灰硼石 23
　曹長岩 109
　曹長石 99, 109
　粗粒玄武岩 **46**, **47**
タ ダイアベース 106
　堆積岩 26, 131
　ダイヤモンド 133
　大理石 18, 27, 110, **114**, **115**
　単斜輝岩 64
　単斜輝石 7, 30, 38, 60, 64, 107
　断層岩 **118**, **119**
チ チタン石 109
　チタン鉄鉱 7, 31
　千葉石 132
　チャート 24, 26, 80, **84**, **85**, 136, 142
　柱石 23
　超苦鉄質岩 60
　直方輝岩 64
　直方輝石 7, 21, 30, 38, 60, 62, 64
テ 泥岩 13, 20, 68, 70, 71, **76**, **77**, 111, 131, 136, 142, 145
　デイサイト **40**, **41**, 134, 138
　泥質片岩 98
　泥質ホルンフェルス 112

テクタイト 125
鉄隕石 124
テレビ石 23
電気石 55
点紋片岩 98, 99
ト トーナル岩 **56**, **57**
　ドレライト 13, **46**, **47**
ニ ニューインペリアルレッド 67
ネ 粘土岩 76, 131
　粘土鉱物 76
　粘板岩 **100**, **101**
ノ 濃飛流紋岩 92
　ノジュール 77
ハ 白榴石 130
　半深成岩 26, 46, 48
　斑れい岩 12, **58**, **59**, 135
ヒ 微斜長石 67
　ひすい **108**, **109**
　ひすい輝石 108
　ひすい輝石岩 **108**, **109**
　ひん岩 48
フ 複輝石岩 64
　普通角閃石 7, 30, 39, 40, 52, 56, 58, 65, 104
　ブルーパール 66
ヘ 碧玉 128
　ペグマタイト **54**, **55**
　ベスブ石 115
　変形岩 27, **118**, **119**
　変成岩 26, 27, 96, 110
　片麻岩 12, **102**, **103**, 117, 139
ホ 方解石 7, 18, 23, 31, 132
　宝石 133
　蛍石 23
　ホルンフェルス 27, 111, **112**, **113**
マ マイロナイト 27, 119, **122**, **123**
　マンガン方解石 23
ミ みかげ石 52
メ めのう 128
　メランジュ 118, 119, **120**, **121**, 159
モ モガナイト 128
　モンモリロナイト 76
ラ ラルビカイト 66
リ 陸源性砕屑岩 26
　リビアグラス 125
　流紋岩 **42**, **43**, 134, 145
　緑色岩 **106**, **107**
　緑色凝灰岩 10, **94**, **95**, 138
　緑色片岩 98
　緑泥石 31
　緑泥石片岩 98
　緑れん石 31
　緑れん石片岩 98
　燐灰石 7, 31
ル ルビー 133
レ 礫岩 12, 20, 68, **72**, **73**, 118, 131, 135, 143

謝辞

　本書が企画されてからだいぶ時間が経過しました。石ころの岩石薄片を作る作業に多大な時間がかかったことと、著者らの普段の博物館の仕事もあって執筆はなかなか進まず、編集担当にはずいぶん迷惑をおかけしてしまいました。岩石薄片に関しては博物館サークル「ヒスイの会」の手助けがあり、また、現担当の大野透氏、田口千珠子氏、土﨑知子氏が参加され、的確なご指摘と叱咤激励により執筆が急速に進みました。普段千葉県を活動フィールドとする著者らにとって、全国レベルの教科書的な本を作るのはハードルが高かったですが、多くの協力者の助けにより、なんとか形にすることができました。国立科学博物館の横山一己博士には、ご多忙のところ原稿をご校閲いただき、貴重なご指摘をいただきました。本文中に内容等の誤りがありましたら、それらはすべて著者らの不勉強によるものです。今後さらに研鑽を積んでいきたいと思います。

　本書を制作するにあたり、以下の多くの皆様にご協力いただきました。この場をお借りして深く感謝申し上げます。

高橋直樹・大木淳一

- 横山一己（国立科学博物館　名誉研究員・元地学研究部長）〔校閲〕
- 千葉県立中央博物館サークル「ヒスイの会」（赤司卓也、石井良三、宇賀神俊一、岡田隆治、小倉恵美子、河原敏行、木澤武司、小西信行、齋藤佐和、佐藤信和、庄子絵美、関口優紀、店網美智子、谷村章子、堤　正夫、野原政雄、橋本　昇、村山雄三、山本繁治）
- 相子　正、阿蘇ジオパーク推進協議会、安達正嗣、アポイ岳ジオパークビジターセンター、荒井章司、石井具視、石川正弘、板谷徹丸、市橋弥生、伊東　努、伊藤有史、井上浩吉、猪瀬秀夫、梅屋、卜部厚志、遠藤邦彦、エンドーすずり館、及川真宏、大木明子、大木響介、大木硯介、大谷石産業（株）、岡山理科大学 自然科学研究所、小倉正義、海洋研究開発機構（JAMSTEC）、柿崎　聡、加藤　昭、加藤聡美、加藤久佳、神奈川県立生命の星・地球博物館、金子慶之、仮谷道則、木下道則、木元克典、桑原通泰、NPO法人 玄武洞ガイドクラブ、古滝修三、坂上澄夫、佐藤壽則、佐渡ジオパーク推進協議会、茶房やました、産業技術総合研究所地質調査総合センター、ジオガシ旅行団、認定NPO法人 四国自然史科学研究センター、白井石材（株）、鈴木敏明、高橋かなこ、高橋幸子、高橋弘樹、高橋美保、（有）高橋佑知商店、竹之内　耕、NPOたじま海の学校、千葉県立船橋高等学校、千葉市立都小学校、千葉大学理学部地球科学教室、土屋食品、鶴岡　繁、東京都立淵江高等学校地学部、徳橋秀一、（株）蒜山地質年代学研究所、野原里華子、橋本勝雄、平田大二、フォッサマグナミュージアム、藤岡換太郎、Pain de "A"、本間千舟、マグマ食堂、松岡　篤、宮島　宏、室戸ジオパーク推進協議会、森　慎一、八木公史、安井真也、山口製菓舗、山本邦仁、遊覧船かすみ丸(有)、林 愛明

（敬称略）

●写真提供者（敬称略、本文掲載順）
・毎日新聞社（p.33 伊豆大島1986年の噴火）
・加藤久佳（p.49 閃緑斑岩から構成される北アルプス奥穂高岳ジャンダルム、および同 北アルプス間ノ岳）
・金子慶之（p.57 トーナル岩巨大転石）
・高橋弘樹（p.69 洪水時の河川の様子）
・海洋研究開発機構（p.71 有孔虫化石を含む凝灰質砂岩の偏光顕微鏡像、p.81 海底にふりそそぐプランクトンの死骸）
・PIXTA（p.80 火山島とそれを取り巻くサンゴ礁）
・photolibrary（p.80 サンゴ礁）
・木元克典（p.81 現生の有孔虫、有孔虫の殻の電子顕微鏡写真）
・松岡 篤（p.81 現生の放散虫、放散虫の殻の顕微鏡写真）
・坂上澄夫（p.83 フズリナ化石の顕微鏡写真）
・石川正弘（p.103 片麻岩の露頭）
・フォッサマグナミュージアム（p.108 ひすい輝石岩（ラベンダーひすい）、ひすい輝石岩（緑色））
・林 愛明（p.119 シュードタキライト）
・古滝修三（p.123 マイロナイトの露頭）
・平田大二（p.139 アカスタ片麻岩の露頭）
・全国農村教育協会（p.146 オオスズメバチ、p.147 ムカデ、マダニ）
・認定NPO法人 四国自然史科学研究センター（p.147 ツキノワグマ）
・及川真宏（p.150 火山岩中のナトリウムの成分画像）
・岡山理科大学 自然科学研究所（p.150 質量分析計）
・アポイ岳ジオパークビジターセンター（p.158 抹茶とチョコのパウンドケーキと小石クッキー）
・佐渡ジオパーク推進協議会（p.158 ジオパスタ）
・ジオガシ旅行団（p.159 ジオ菓子（鉢窪山スコリア）、鉢窪山のスコリア露頭写真）
・室戸ジオパーク推進協議会（p.159 付加体ケーキ）
・阿蘇ジオパーク推進協議会（p.159 マグマラーメン）

※ p.152〜153「石ころ少年の未来の姿」にご登場する皆様方の肖像写真は、それぞれご本人から借用し、掲載した。
※ その他、とくにクレジットの掲載のない写真については、著者の高橋、大木が撮影した。

●その他の図
本文中に用いた図のうち、とくにクレジットの掲載のないものは、著者の高橋、大木が作成した。
なお、本書のナビゲーター役の「石ころくん」は、元々著者の高橋による考案で、千葉県立中央博物館の行事資料等の中で活躍していたが、本書作成にあたり、新たに全国農村教育協会で描き起こした。

千葉県立博物館 資料データベース

本書で取り上げた石ころ標本の写真は、千葉県立博物館ウェブページ上の収蔵資料検索画面でも見ることができます。

　http://search.chiba-muse.or.jp/DB/
上記のアドレスから、①フリーワード検索で「石ころ」と記入するか、②分野で「岩石」を選び、「備考」欄に「石ころ」と記入して、検索します。検索結果の一覧が表示されますので、見たい資料のいずれかの項目をクリックすると、写真と説明が表示されます。

プロフィール

高橋直樹(たかはし なおき)
千葉県立中央博物館　上席研究員。
1960年、山形県生まれ。山形大学大学院理学研究科地球科学専攻修士課程修了(1984年)。金沢大学自然科学研究科環境科学専攻博士課程(社会人枠)修了(2009年)。博士(理学)。専門は地質学・岩石学。
地元千葉県房総半島の大地の成り立ちをより詳細に解明すべく、山野を歩き回って地質を調べ、岩石を持ち帰って岩石薄片をつくり偏光顕微鏡で観察している。成果を博物館の常設展・企画展で公開するほか、観察会などによる現地案内も重視している。2011年に認められた新種の鉱物「千葉石」の発見にも携わった。
著書に『日曜の地学19 千葉の自然をたずねて』(分担執筆：築地書館)、『北マリアナ探検航海記』(分担執筆：文一総合出版)、『千葉県の自然誌　本編2 千葉県の大地』(分担執筆：千葉県)などがある。
本書ではおもに第2章を担当。

大木淳一(おおき じゅんいち)
千葉県立中央博物館 主任上席研究員。
1966年、東京都生まれ。新潟大学大学院自然科学研究科環境科学専攻地殻環境科学大講座修了(1994年)。博士(理学)。専門は地質学。
学校の石材を活用した理科教育プログラムや、光る泥だんご作りから大地の歴史を学ぶプログラムの開発と実践を行いつつ、カエルなどの生き物の生息環境を地質学的に研究している。2012年には千葉県房総丘陵の両棲類を調査中に、90万年前の地層分布域から世界最大のトドの下顎化石を発見した。最近は蜃気楼を研究している。
著書に『たんぼのおばけタニシ』(そうえん社)、『幻のカエル〜がけに卵をうむタゴガエル』(新日本出版社)、『カエルのきもち』(共著、晶文社出版)がある。
本書ではおもに序章、第1・3章、終章を担当。

制作スタッフ
土﨑知子(編集)
田口千珠子(本文デザイン・DTP、全国農村教育協会)
栗田和典(カバー表紙デザイン、全国農村教育協会)

全農教　観察と発見シリーズ
石ころ博士入門

定価はカバーに表示してあります。
2015年5月9日　　初　版 第1刷発行
2016年5月26日　　第2版 第1刷発行
2018年8月1日　　　第3版 第1刷発行
2020年7月9日　　　第4版 第1刷発行
2021年9月28日　　第5版 第1刷発行

著　者　　高橋直樹・大木淳一
発行所　　株式会社全国農村教育協会
　　　　　東京都台東区台東1-26-6（植調会館）　〒110-0016
　　　　　電話 03-3833-1821（代表）
　　　　　FAX 03-3833-1665
　　　　　http://www.zennokyo.co.jp
印刷所　　株式会社シナノパブリッシングプレス

©2015 by N.Takahashi, J.Ohki and Zenkoku Noson Kyoiku Kyokai Co.,Ltd.
ISBN978-4-88137-181-7　C0644

落丁、乱丁本はお取替えいたします。
本書の無断転載、無断複写（コピー）は著作権上の例外を除き禁じられています。